李东光　主编

洗衣液

配方与制备工艺

XIYIYE
PEIFANG YU ZHIBEI GONGYI

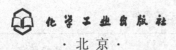

化学工业出版社

·北京·

本书对 260 种洗衣液配方进行详细介绍，包括原料配比、制备方法、原料介绍、产品应用、产品特性等内容，所涉及产品具有低泡、浓缩、抗菌、除螨、防褪色等功能。

本书适合从事洗衣液生产、研发的人员使用，也可供精细化工等相关专业师生参考。

图书在版编目（CIP）数据

洗衣液配方与制备工艺/李东光主编. —北京：化学工业出版社，2019.6（2022.2 重印）
ISBN 978-7-122-34152-5

Ⅰ.①洗… Ⅱ.①李… Ⅲ.①合成洗涤剂-配方②合成洗涤剂-生产工艺 Ⅳ.①TQ649

中国版本图书馆 CIP 数据核字（2019）第 053958 号

责任编辑：张 艳 刘 军		文字编辑：陈 雨
责任校对：王 静		装帧设计：王晓宇

出版发行：化学工业出版社（北京市东城区青年湖南街 13 号　邮政编码 100011）
印　　装：北京盛通数码印刷有限公司
710mm×1000mm　1/16　印张 13　字数 259 千字　2022 年 2 月北京第 1 版第 4 次印刷

购书咨询：010-64518888　　　　售后服务：010-64518899
网　　址：http://www.cip.com.cn
凡购买本书，如有缺损质量问题，本社销售中心负责调换。

定　　价：58.00 元

　　用于衣物洗涤的产品中，洗衣粉一直占据着主要的地位。但是，细心的人会发现，洗衣液主要成分是非离子表面活性剂，去污能力强，并且能够深入衣物纤维内部发挥洗涤作用，去污更彻底。洗衣粉在使用过程中的残留物容易导致衣物损伤，并且不易漂洗；而洗衣液能够完全溶解且溶解速度快，易漂易洗，不会伤及皮肤和衣物。洗衣粉一般是强碱性的，在使用过程中需要戴手套，以减少对皮肤的刺激；而洗衣液 pH 偏中性，配方温和不伤手。洗衣粉产生的废液在自然界降解困难（特别是带支链的烷基苯磺酸钠），造成水质污染，对生态造成很大的破坏；而洗衣液则相对降解比较完全，对环境破坏较小。洗衣液的技术含量更高，便于添加各种有效成分，洗后会令衣物蓬松、柔软、光滑亮泽，并且具有除菌和持久留香的功效，使用综合成本低，正被人们广泛接受。

　　洗衣液的工作原理与传统的洗衣粉、肥皂类似，有效成分都是表面活性剂。区别在于：传统的洗衣粉、肥皂采用的是阴离子型表面活性剂，以烷基苯磺酸钠和硬脂酸钠为主，碱性较强（洗衣粉 pH 值一般大于 12），进而在使用时对皮肤的刺激和伤害较大。而洗衣液多采用非离子型表面活性剂，pH 接近中性，对皮肤温和，并且排入自然界后，降解较洗衣粉快，所以成了新一代的洗涤剂。

　　洗衣液浓度越高，用量越少；黏度越低，越易溶解；泡沫越少，越易漂洗。浓度高即活性物含量高。行业标准规定，洗衣液总活性物含量不得低于 15％。洗衣液特别调低黏度，以改善洗衣液的流动性，方便倾倒、预涂、溶解；采用泡沫控制技术，低泡易漂，一次漂洗后，泡沫就基本漂清。

　　据统计，中国的洗衣液市场正在以年均 27.2％的速度增长，3 年的复合增长超过了 100％。而在美国，洗衣液的市场份额已经超过了洗衣粉，占比达到 80％以上，大有替代洗衣粉之势。

　　为了满足读者需要，我们在化学工业出版社的组织下编写了这本《洗衣液配方与制备工艺》，书中收集了大量的、新颖的配方与工艺，旨在为读者提供实用的、可操作的实例，方便读者使用。

　　本书的配方多以质量份表示。如果配方中注明以体积份表示，则需注意质量份与体积份的对应关系，例如质量份以 g 为单位时，对应的体积份是 mL，质量份以 kg 为单位时，对应的体积份是 L，以此类推。

　　本书由李东光主编，参加编写的还有翟怀凤、李桂芝、吴宪民、吴慧芳、李嘉、蒋永波、邢胜利等，由于编者水平有限，书中难免有不妥和疏漏之处，请读者在使用时及时指正。主编联系方式：ldguang@163.com。

主编

2018 年 8 月

目 录
CONTENTS

二、 婴幼儿专用洗衣液 / 101

三、 杀菌除螨洗衣液 / 122

四、 功能性洗衣液 / 163

一、通用洁净洗衣液

配方1　保色环保洗衣液

原料配比

原料	配比(质量份)		
	1#	2#	3#
羧甲基纤维素	11	12	11
水	35	45	35
三聚磷酸钠	20	36	22
硅酸钠	12	9	11
二氢荆芥内酯	5	4	6
蛋白酶	16	11	15
α-甲基十二烷基苯甲醇聚氧乙烯(10)醚	3	—	3
甲基十二烷基苯甲醇聚氧乙烯(10)醚	—	10	
非离子表面活性剂脂肪族聚氧乙烯(7)醚	2	2	2
十四烷酸钠	4	7	8
乙酸	5	8	9

　　制备方法　将原料混合均匀，放在加热罐中，55～80℃加热20～50min，冷却，分装即得。

　　产品应用　本品是一种保色环保洗衣液。

　　产品特性　本产品具有保色、去污能力强、对织物增白且无损伤增彩、无环境污染、低残留、低刺激的特点，洗后衣物干净明亮且不伤手，让衣物有清香的味道。没有任何褪色。

配方2　不含溶剂的超浓缩洗衣液

原料配比

原料		配比(质量份)			
		1#	2#	3#	4#
脂肪酸	椰油酸	2	—	3	—
	棕榈酸	—	4	—	—
	油酸	—	—	5	3
	肉豆蔻酸	—	—	—	3

续表

原料		配比（质量份）			
		1#	2#	3#	4#
阴离子表面活性剂	直链十二烷基苯磺酸钠	10	12	18	15
	C_{12}～C_{14}脂肪醇聚氧乙烯醚硫酸钠(70%)	20	10	—	15
	C_{16}～C_{18}脂肪酸甲酯磺酸钠(70%)	—	—	7	—
	C_{16}～C_{18} α-烯基磺酸钠(35%)	—	—	—	12
	C_{12}～C_{15}脂肪醇聚氧乙烯醚硫酸钠(70%)	—	—	12	—
非离子表面活性剂	C_{10}支链醇聚氧乙烯(9)醚	16	18	—	—
	C_{13}支链醇聚氧乙烯(9)醚	—	—	—	4
	C_{12}～C_{14}醇聚氧乙烯(7)醚	—	—	—	10
	异辛醇聚氧乙烯/聚氧丙烯(9)醚	—	10	—	—
	C_{11}醇聚氧乙烯/聚氧丙烯(9)醚	7	10	—	—
	C_8～C_{10}烷基糖苷(50%)	5	—	—	—
	C_{12}～C_{14}烷基糖苷(50%)	—	5	—	—
	C_8～C_{14}烷基糖苷(活性物质的含量为50%)	—	—	13	14
碱	氢氧化钠	0.4	0.8	—	1.05
	氢氧化钾	—	—	1.87	—
助剂	水溶助长剂 二甲苯磺酸钠	2	—	3	2
	异苯丙磺酸钠	—	1	—	2
	螯合剂 柠檬酸钠	0.5	—	2	2
	乙二胺四乙酸二钠	—	0.2	—	—
	琥珀酸钠	0.5	—	—	—
	柠檬酸	0.2	0.5	0.2	0.4
	无机盐 氯化钠	1.5	—	—	0.6
	氯化镁	—	1	0.5	—
	生物酶 液体蛋白酶	0.4	—	0.5	0.5
	液体脂肪酶	—	0.5	0.5	0.5
	酶稳定剂 硼砂	0.5	—	2	1
	甲酸钠	—	1	—	—
	丙酸钠	—	—	—	1
	荧光增白剂 二苯乙烯基联苯二磺酸钠	0.4	0.12	0.2	—
	凯松防腐剂	0.2	0.003	0.05	0.1
	色素	0.0005	—	0.001	—
	香精	0.2	0.2	0.4	0.5
去离子水		33.2	43.68	14.78	20.15

制备方法

（1）按照所述质量份的各组分备料。

（2）向配料罐中先加去离子水，启动加热和搅拌，加入碱，升温至 40～60℃后保温，加入脂肪酸，搅拌至全部溶化并均匀透明，得到透明液。

（3）继续保温搅拌，向所述透明液中加入阴离子表面活性剂、非离子表面活性剂和部分助剂，持续搅拌至溶解完全，得到溶解液；将所述溶解液冷却，再根据需要加入其他助剂，搅拌至料液呈均匀透明状态，得到洗衣液半成品；将所述溶解液冷却是指冷却至 20～40℃。

（4）将所述半成品进行过滤处理，得到所述的超浓缩洗衣液。将所述半成品进行过滤处理后，静置 2～8h。

产品应用　本品是一种不含溶剂的超浓缩洗衣液。

产品特性

（1）本产品的超浓缩洗衣液，为稳定的、含有已溶助洗剂及高浓度表面活性剂的单相液体，通过合理选择表面活性剂和助剂，应用复配技术，将各原料合理复配，解决了无溶剂条件下高浓度配方的稳定性问题，得到了一个稳定的超浓缩体系，即使在 -5℃仍然为澄清透明液体，无浑浊、凝胶或结冻现象，因而即使在低温条件下也不影响使用。而且，本产品中的超浓缩洗衣液避免了溶剂的使用，因而该超浓缩洗衣液具有更加安全环保、无毒无刺激、对环境无污染的优点。

（2）本产品中各表面活性剂和助洗剂相互配伍，发挥协同作用，强化了体系的润湿、渗透、乳化和分散能力，具有优良的洗涤性能。而且该洗衣液中添加了生物酶，对多种顽固污渍的去除效果明显。而且通过使用泡沫较低或较易漂洗的表面活性剂，并且添加脂肪酸盐，洗衣液中各种成分协同作用，使产品泡沫少，易于漂洗，更加节能、省水。

（3）本产品为浓缩产品，活性物含量可达 45%～65%，只需要很少量即可达到较好的洗涤效果。而且产品黏度低，水溶性好，即使在冷水中也可以快速溶解完全，方便消费者使用。

配方3　超浓缩低泡高效洗衣液

原料配比

原料	配比（质量份）
非离子表面活性剂脂肪醇聚氧乙烯(7)醚(AEO-7)	25～30
乙醇-乙二醇-甘油助剂	0.5～2
单乙醇胺-三乙醇胺-氢氧化钠(32%)水溶液	5～8
酶制剂	0.5～1
抗再沉淀剂	1～2
改性聚硅氧烷	0.5～1
柔软剂	0.5～1
增稠剂	2～4
防腐剂	0.5～0.8
香精	0.3～0.6

制备方法 在加热的条件下，将表面活性剂完全溶解在水中，将酶制剂预分散在溶剂里，并搅拌均匀后添加到表面活性剂的水溶液中，在搅拌的条件下依次加入其他成分，最终搅拌均匀，产品的最终外观为淡黄色、黏度为 700～800mPa·s 的清澈透明液体，pH 值 7～7.5。

产品应用 本品是一种超浓缩低泡高效洗衣液。

产品特性 本产品泡沫低，易漂洗，去污力强，对各种污渍都有很好的去污效果，对皮肤无刺激，柔顺效果明显，护色效果明显，甩干与拧干的衣服褶皱不明显。衣物干后柔软、洁净、颜色鲜亮，达到低泡、浓缩、高效、全效、环保的效果。

配方4　超浓缩型无水洗衣液

原料配比

原料		配比（质量份）				
		1#	2#	3#	4#	5#
腰果酚聚氧乙烯醚	腰果酚聚氧乙烯醚（HLB 为 18）	100	—	—	—	—
	腰果酚聚氧乙烯醚（HLB 为 20）	—	100	—	—	—
	腰果酚聚氧乙烯醚（HLB 为 9）	—	—	100	—	—
	腰果酚聚氧乙烯醚（HLB 为 25）	—	—	—	100	—
	腰果酚聚氧乙烯醚（HLB 为 15）	—	—	—	—	100
椰子油脂肪酸二乙醇酰胺	椰子油脂肪酸二乙醇酰胺（6501）	30	20	—	30	—
	椰子油脂肪酸二乙醇酰胺（6502）	—	—	80	—	—
	椰子油脂肪酸二乙醇酰胺（6503）	—	—	—	—	100
脂肪醇聚氧乙烯醚	脂肪醇聚氧乙烯醚硫酸钠（AES）	30	100	30	60	20
	脂肪醇聚氧乙烯（10）醚（AEO-10）	45	—	—	—	—
	脂肪醇聚氧乙烯（20）醚（AEO-20）	—	20	—	—	—
	脂肪醇聚氧乙烯（9）醚（AEO-9）	—	—	50	—	—
	脂肪醇聚氧乙烯（7）醚（AEO-7）	—	—	—	30	—
	脂肪醇聚氧乙烯（15）醚（AEO-15）	—	—	—	—	100
抗静电剂	油酸	5	—	—	4	10
	棕榈油	—	2	—	—	—
	月桂酸	—	—	6	—	—
聚乙二醇	聚乙二醇 400	150（体积份）	—	—	—	—
	聚乙二醇 100	—	100（体积份）	—	—	—
	聚乙二醇 200	—	—	180（体积份）	—	—
	聚乙二醇 600	—	—	—	120（体积份）	—
	聚乙二醇 800	—	—	—	—	200（体积份）

续表

原料		配比（质量份）				
		1#	2#	3#	4#	5#
抗硬水剂	无水柠檬酸钠	15	—	—	25	12
	柠檬酸	—	10	—	—	—
	乙二胺四乙酸二钠（EDTA）	—	—	18	—	—
碱性蛋白酶		20	30	10	15	50
防腐剂	苦参碱	2.5	—	—	1.5	3
	卡松	—	1	—	—	—
	杰马	—	—	2.5	—	—
亮蓝色素		0.36	0.1	0.5	0.2	1
香精	栀子花香精	20	—	—	—	—
	茉莉花香精	—	8	—	—	—
	玫瑰花香精	—	—	30	—	—
	薰衣草香精	—	—	—	10	—
	薄荷香精	—	—	—	—	50
除水剂	分子筛	20	—	—	—	—
	无水硫酸钠	—	10	—	—	50
	无水硫酸镁	—	—	30	—	—
	硅胶	—	—	—	20	—

制备方法

（1）室温下，按预设的配比，将腰果酚聚氧乙烯醚、椰子油脂肪酸二乙醇酰胺、脂肪醇聚氧乙烯醚硫酸钠、脂肪醇聚氧乙烯醚和抗静电剂溶于聚乙二醇中，搅拌至完全溶解后缓慢加热至 25～80℃，获得黏稠澄清溶液Ⅰ；加热至 25～80℃是为了提高后续加入的抗硬水剂（无水柠檬酸钠）、碱性蛋白酶、防腐剂和色素的溶解速度，这些物质的溶解温度在 0～100℃之间，理论上不加热也能够缓慢溶解。优选地，最佳的溶解温度为 60℃。在该温度下，各物质既能快速溶解，也能防止碱性蛋白酶在较高温度下发生变性。

（2）按预设的配比，向所述黏稠澄清溶液Ⅰ中加入抗硬水剂、防腐剂、碱性蛋白酶和色素，在 25～80℃下搅拌至完全溶解后冷却至室温，加入香精，搅拌至溶液澄清，获得澄清溶液Ⅱ。

（3）向所述澄清溶液Ⅱ中加入除水剂，干燥后抽滤，获得所述超浓缩型无水洗衣液。除水剂的加入有利于防止原料中自带的少量水分或在制备过程中带入的少量水分影响最终产品的性能，除水剂加入后干燥约 1h 即可完全除去产品中的水分，干燥完成后抽滤除去除水剂。

产品应用　本品是一种超浓缩型无水洗衣液。

产品特性　本产品以腰果酚聚氧乙烯醚、椰子油脂肪酸二乙醇酰胺、脂肪醇聚氧乙烯醚硫酸钠和脂肪醇聚氧乙烯醚作为主要活性成分，同时还采用同样具有洗涤性能的聚乙二醇作为溶剂，在将聚乙二醇仅作为溶剂的情况下，活性组分的含量最低为44%，最高达80%以上，活性组分含量高，各组分之间具有良好的复配性，聚乙二醇既作为溶剂又作为活性组分，进一步提高本产品超浓缩型无水洗衣液的洗涤性能，使得本产品超浓缩型无水洗衣液易于运输与储存，大大降低了运输成本。

配方5   衬衫洗衣液

原料配比

原料	配比(质量份)			原料	配比(质量份)		
	1#	2#	3#		1#	2#	3#
大石韦	2	4	3	氯化钠	2	2	3
女儿茶	2	4	3	偏硅酸钠	10	10	9
脂肪醇聚氧乙烯醚硫酸盐（AES）	9	12	10	次氯酸钠	1	1	1.5
十二烷基苯磺酸钠（LAS）	3	2	2	椰子油醇二乙醇酰胺	2	2	1
脂肪醇聚氧乙烯醚（AEO）	2	3	3	聚硅氧烷消泡剂	0.1	0.1	0.3
羧甲基纤维素钠	1	0.5	1	香精	0.1	0.1	0.1
乙醇	7	8	8				

制备方法   取大石韦、女儿茶，加水煎煮两次，第一次加水为药材质量的8~12倍量，煎煮1~2h，第二次加水为药材质量的6~10倍量，煎煮1~2h合并煎液，浓缩至大石韦、女儿茶总质量的10倍量，加入脂肪醇聚氧乙烯醚硫酸盐（AES）、十二烷基苯磺酸钠（LAS）、脂肪醇聚氧乙烯醚（AEO）、羧甲基纤维素钠、乙醇、氯化钠、偏硅酸钠、次氯酸钠、椰子油醇二乙醇酰胺、聚硅氧烷消泡剂、香精，70~80℃左右溶解，即得。

产品应用   本品是一种衬衫洗衣液。

产品特性   本产品中大石韦和女儿茶清热解毒，两者配伍，起泡和抗菌效果良好。

配方6   低浓度节水型洗衣液

原料配比

原料	配比(质量份)			
	1#	2#	3#	4#
脂肪醇聚氧乙烯(7)醚	6	0.1	1	2
脂肪醇聚氧乙烯(9)醚	1	11	0.1	0.5
脂肪醇聚氧乙烯(3)醚	0.3	0.6	1	0.3
脂肪醇聚氧乙烯醚硫酸钠(70%)	4	1	4	10
纯碱	0.3	0.001	0.001	0.3

续表

原料	配比(质量份)			
	1#	2#	3#	4#
碳酸钾	2	3	0.001	2
硼砂	1	0.001	0.001	1
脂肪醇聚氧乙烯(5)醚	1.5	0.5	0.1	1
柠檬酸钠	1	1	5	1
短支链型脂肪醇聚氯乙烯(7)醚	0.3	0.1	8	0.3
荧光增白剂	0.8	0.02	0.5	0.02
香精	0.2	0.1	0.4	0.2
去离子水	82.6	82.578	79.897	80.38

制备方法 将去离子水其中的 30%～40%加热至 65～75℃，加入化料釜中，然后在搅拌下依次加入短支链型脂肪醇聚氯乙烯（7）醚、脂肪醇聚氧乙烯（3）醚、脂肪醇聚氧乙烯（5）醚、脂肪醇聚氧乙烯（7）醚、脂肪醇聚氧乙烯（9）醚、脂肪醇聚氧乙烯醚硫酸钠（70%）、柠檬酸钠搅拌均匀后，加入剩余的去离子水，全部溶解后，加入纯碱、碳酸钾、硼砂、荧光增白剂搅拌溶解，冷却至 35～45℃时，加入香精搅拌均匀，用 200 目过滤网过滤，得低浓度节水型洗衣液。整个操作过程必须保证去离子水的质量，不能有 Fe^{2+}、Mg^{2+}、Ca^{2+} 等离子带入而发生沉淀。纯碱、碳酸钾、硼砂如有杂质应先溶解过滤后再用，不能有机械杂质带入。整个操作环境清洁卫生、防尘。

产品应用 本品是一种低浓度节水型洗衣液。

产品特性 本产品以低水污溶性非离子表面活性剂为主，与亲水性非离子、阴离子表面活性剂复合，既有好的去污力，又减少了使用量，还有较高的表观黏度，洗涤后漂洗两次比普通洗衣粉漂洗液的残留量还低，可大大节省水电等资源。

配方7 低泡沫的多效洗衣液

原料配比

原料	配比(质量份)		原料	配比(质量份)	
	1#	2#		1#	2#
十二烷基苯磺酸钠	9	16	烷基多糖苷	5	9
椰油酰二乙醇胺	3	8	丙酸盐	2	4
艾草精油	3	5	阴离子表面活性剂	3	8
酯基季铵盐	6	11	环氧乙烷	2	6
醇醚羧酸盐	5	8	柠檬酸	3	10
脂肪醇聚氧乙烯醚	5	12	甲苯磺酸钠	6	10
硅酸钙	5	11	硫酸钠	2	10
氢氧化钙	3	6	去离子水	加至100	加至100

制备方法 将各组分原料混合均匀即可。

产品应用 本品是一种低泡沫的多效洗衣液。

产品特性 本产品低泡沫、易清洗，衣物清洗后，能够提高衣物的色彩和光泽度。

配方8 低泡沫的节水洗衣液

原料配比

原料	配比（质量份）		原料	配比（质量份）	
	1#	2#		1#	2#
硅酸钠	6	10	金银花	2	6
十二烷基甜菜碱	3	9	藏红花	3	5
脂肪醇聚氧乙烯醚	4	9	丙烯酸-马来酸酐共聚物钠盐	6	8
泡花碱	6	8	羧甲基纤维素钠	3	9
植物炭颗粒	4	6	沸石	2	6
烷基多苷	3	6	十二烷基硫酸钠	1	4
皂基	1	3	去离子水	加至100	加至100

制备方法 将各组分原料混合均匀即可。

产品应用 本品是一种低泡沫的节水洗衣液。

产品特性 本产品泡沫少，易清洗，同时洗衣效果好，能够清洗多种污渍。

配方9 低泡洗衣液

原料配比

原料	配比（质量份）			原料	配比（质量份）		
	1#	2#	3#		1#	2#	3#
十二烷基苯磺酸钠	7	5	7	水	90	70	60
椰油酰二乙醇胺（1∶1.5）	13	13	11	壬基酚聚氧乙烯（7）醚	10	10	13
月桂醇硫酸钠	15	16	10	柠檬酸钠	5	10	5
60%的脂肪醇聚氧乙烯（4）醚硫酸钠	1	2	2				

制备方法 在混合釜中，加入水，在搅拌条件下，加入十二烷基苯磺酸钠、椰油酰二乙醇胺（1∶1.5）、月桂醇硫酸钠、浓度60%的脂肪醇聚氧乙烯（4）醚硫酸钠、壬基酚聚氧乙烯（7）醚、柠檬酸钠，搅拌混合均匀，即可得到本低泡洗衣液。

产品应用 本品是一种低泡洗衣液。

产品特性 本产品去污力优良，并可有效降低泡沫，抗硬水，易漂洗，节水节能，不损伤皮肤，且洗涤后的衣物清洁度高。

配方10　低泡去污洗衣液

原料配比

原料		配比（质量份）			
		1#	2#	3#	4#
十二烷基苯磺酸钠		5	7	5.6	6
脂肪醇聚氧乙烯(3)醚硫酸钠(70%)		10	6	8	7.5
椰油酰二乙醇胺(1∶1.5)		3	1	2	2
脂肪醇聚氧乙烯醚	脂肪醇聚氧乙烯(6)醚	4	—	—	—
	脂肪醇聚氧乙烯(12)醚	—	6	—	—
	脂肪醇聚氧乙烯(9)醚	—	—	5	5
$C_{12}\sim C_{18}$脂肪酸钾盐或胺盐	C_{12}脂肪酸钾盐	2	—	1.5	—
	C_{18}脂肪酸三乙醇胺盐	—	1	—	—
	C_{14}脂肪酸二乙醇胺盐	—	—	—	1.5
增白剂	挺进31#增白剂	—	—	0.04	0.04
螯合剂	乙二胺四乙酸钠盐	—	—	0.2	0.2
氯化钠		—	—	1	1
香精		—	—	0.2	0.2
防腐剂	卡松	—	—	0.1	0.1
SECURON 540 有机配合剂		—	—	—	—
L-560 有机配合剂		—	—	—	1
色素		—	—	0.0004	0.0004
水		加至100	加至100	加至100	加至100

制备方法　在混合釜中，先加入水，在搅拌条件下，加入十二烷基苯磺酸钠、脂肪醇聚氧乙烯（3）醚硫酸钠、椰油酰二乙醇胺（1∶1.5）、脂肪醇聚氧乙烯醚（6~12）、$C_{12}\sim C_{18}$脂肪酸钾盐或胺盐，根据具体需要还可以再加入增白剂、螯合剂、氯化钠、香精、防腐剂、SECURON 540 或 L-560 有机配合剂、色素，搅拌混合均匀，即可得到本产品的低泡洗衣液。

产品应用　本品是一种低泡洗衣液。

产品特性　本产品易溶性好，去污力强，可有效降低泡沫，易漂洗，提高洗涤效率，节水节能，且洗涤后的衣物清洁度高。

配方11　低泡强力去污洗衣液

原料配比

原料	配比（质量份）			
	1#	2#	3#	4#
月桂酸钠[$CH_3(CH_2)_{10}COONa$]	1	9	2	8

续表

原料		配比（质量份）			
		1#	2#	3#	4#
脂肪酸聚氧乙烯酯[$RCOO(CH_2CH_2O)_nH$]		11	1	2	1
表面活性剂	直链十二烷基苯磺酸钠	7	—	—	—
	烷醇酰胺	3	—	1.5	—
	脂肪醇聚氧乙烯醚硫酸钠	—	15	15	—
	α-烯基磺酸盐	—	—	—	10
	脂肪醇聚氧乙烯醚	—	8	—	—
	壬基酚聚氧乙烯(10)醚	—	—	3	—
	脂肪醇聚氧乙烯(9)醚	—	—	2	—
	脂肪醇聚氧乙烯(7)醚	—	—	—	3
	脂肪醇聚氧乙烯(3)醚	—	—	—	1
荧光增白剂	γ晶型二苯乙烯三磺酸衍生物(BLF)	0.2	—	—	—
	二苯乙烯联苯型增白剂(CBS-X)	—	0.1	0.1	0.1
螯合剂	乙二胺四乙酸二钠(EDTA-2Na)	0.1	—	—	—
	柠檬酸钠	—	—	—	5
	次氮基三乙酸	—	1	—	—
	次氮基三乙酸钠盐	—	—	0.1	—
香精		0.1	0.1	0.1	0.1
氧化胺		—	2	—	1.5
增稠剂	氯化钠	0.5	5	4	1.5
去离子水		77.1	58.8	70.2	59.8

制备方法

（1）依次加入计量好的去离子水、月桂酸钠，搅拌并升温至60～70℃，再加入螯合剂、脂肪酸聚氧乙烯酯、表面活性剂、烷醇酰胺、增稠剂，搅拌使之溶解。

（2）降温至30℃以下，加入荧光增白剂、香精，搅拌使之溶解。

（3）用300目滤网过滤后包装。

产品应用　本品是一种低泡洗衣液。

产品特性　本品去污力强，冷水、温水、热水中具有同样去污效果，洗衣时泡沫少，易漂洗。废液不含磷，不会给水中生物环境造成污染，pH值小于10，稳定性好。

配方12　低泡易漂洗洗衣液

原料配比

原料	配比（质量份）		
	1#	2#	3#
油酸钾皂	8	8	10

续表

原料	配比(质量份)		
	1#	2#	3#
烷基苯磺酸	5	5	8
氢氧化钠	0.5	1.5	1.2
脂肪醇聚氧乙烯醚	2.6	1.2	2.2
脂肪酸甲酯磺酸钠	0.2	1.8	1.5
山梨醇	0.5	2.5	1.8
聚乙烯吡咯烷酮	3	8	5
三乙醇胺	0.5	1.2	0.8
丙二醇	0.2	0.2	0.9
蓝色素	1.5	1.5	1.1
香精	6	6	8
柠檬酸钠	8	8	6
荧光增白剂	0.5	1.2	0.9
去离子水	35	50	45

制备方法 将各组分原料混合均匀即可。

产品应用 本品是一种低泡易漂洗洗衣液。

产品特性 该洗衣液性能温和，去污力强，使用过程中泡沫低，原材料生物降解性好，无磷环保友好。该洗衣液解决了常用洗衣液泡沫多、漂洗困难、易残留的问题。

配方13 复合型洗衣液

原料配比

原料	配比(质量份)			
	1#	2#	3#	4#
脂肪醇聚氧乙烯(9)醚	15	10	10	10
脂肪醇聚氧乙烯(7)醚	5	5	5	5
脂肪酸甲酯磺酸钠	4	4	6	4
十二烷基硫酸钠	4	4	6	4
椰油酰胺丙基羟磺基甜菜碱	6	6	6	8
十二烷基二甲基苄基氯化铵	3	3	3	4
丙二醇	10	10	10	10
乙醇	2	2	2	2
改性有机硅消泡剂 AFE-1410	0.25	0.25	0.25	0.25

原料		配比(质量份)			
		1#	2#	3#	4#
助剂	乙二胺四乙酸二钠和柠檬酸钠按质量比为 1:1 组成的混合物	2	—	—	
	乙二胺四乙酸二钠:柠檬酸钠为 3:1 的混合物	—	2	2	
	乙二胺四乙酸二钠:柠檬酸钠:氯化钠为 1:0.5:0.5 的混合物				2
荧光增白剂 CBS-X		0.03	0.03	0.03	0.03
薰衣草香精		0.03	0.03	0.03	0.03
亮蓝 60		0.01	0.01	0.01	0.01
增稠剂	椰子油二乙醇酰胺 6501	1	1.5		
	椰子油二乙醇酰胺 6501:增稠粉 6502 为 3:1 的混合物			2	
	椰子油二乙醇酰胺 6501:增稠粉 6502 为 1:1 的混合物				3
去离子水		加至 100	加至 100	加至 100	加至 100

制备方法

(1) 将总用水量的 70% 的去离子水加热至 60~70℃, 恒温搅拌条件下, 依次加入脂肪醇聚氧乙烯 (9) 醚、脂肪醇聚氧乙烯 (7) 醚、十二烷基硫酸钠、脂肪酸甲酯磺酸钠, 待完全溶解后, 停止加热, 继续搅拌得到溶液 A; 在加入脂肪醇聚氧乙烯 (9) 醚、脂肪醇聚氧乙烯 (7) 醚、十二烷基硫酸钠、脂肪酸甲酯磺酸钠过程中, 需等前一种原料完全溶解, 溶液透明后, 再加入下一种原料。

(2) 在步骤 (1) 所得的 A 溶液中依次加入丙二醇、乙醇、椰油酰胺丙基羟磺基甜菜碱、十二烷基二甲基苄基氯化铵, 得到溶液 B。

(3) 将助剂、有机硅消泡剂与总用水量的 10% 的去离子水配成溶液 C。

(4) 将荧光增白剂、色素和总用水量的 10% 的去离子水配成溶液 D。

(5) 将溶液 C 加入到溶液 B 中, 搅拌待透明后加入溶液 D, 搅拌均匀后得到溶液 F。

(6) 将剩余的总用水量的 10% 的去离子水加入到步骤 (5) 所得的 F 溶液中, 再依次加入香精和增稠剂, 搅拌均匀后用 200 目尼龙筛网过滤, 即得复合型洗衣液。

(7) 将上述所得的复合型洗衣液抽真空去除大量溶解的气体, 包装。

上述制备过程中要注意: 原料称量准确, 整个操作过程中, 必须保证去离子水的质量, 以防引入 Ca^{2+}、Mg^{2+} 等金属离子导致洗衣液浑浊; 整个操作环境需清洁卫生、防尘。

产品应用 本品是一种复合型洗衣液。

产品特性 本产品低泡, 且具有很好的去污、更快去油能力, 洗涤后的衣物等柔顺性好。

配方14　改进的浓缩型洗衣液

原料配比

原料	配比(质量份)		原料	配比(质量份)	
	1#	2#		1#	2#
十三烷基聚氧乙烯醚	6	14	蔗糖脂肪酸酯	6	10
烷基酚聚氧乙烯醚	6	10	硼砂	1	5
烷基聚氧乙烯醚硫酸钠	3	8	聚维酮碘	3	6
聚乙烯吡咯烷酮	5	9	月桂酸钠	5	11
脂肪醇聚氧乙烯醚	3	8	苦参提取物	6	13
生姜	1	5	十二烷基硫酸钠	4	8
椰子油	2	7	去离子水	加至100	加至100

制备方法　将各组分原料混合均匀即可。

产品应用　本品是一种改进的浓缩型洗衣液。

产品特性　本产品的洗衣液用量少、洗涤效果好，同时使衣物柔软，穿着更加舒服。

配方15　改进的深层洁净洗衣液

原料配比

原料	配比(质量份)		原料	配比(质量份)	
	1#	2#		1#	2#
月桂醇硫酸钠	7	16	过硼酸钠	7	9
柠檬酸	3	6	聚羧酸盐	1	3
甘油一硬脂酸酯	5	9	氯化钠	2	5
椰油酸二乙醇胺	5	9	椰油脂肪酸二乙酰胺	8	11
脂肪酸钠盐	5	9	天然皂粉	3	6
阳离子增稠剂	7	9	脂肪醇聚氧乙烯醚	6	11
十二烷基苯磺酸钠	2	7	去离子水	加至500	加至500

制备方法　将各组分原料混合均匀即可。

产品应用　本品是一种改进的深层洁净洗衣液。

产品特性　本产品的洗衣液能够深层洁净，使衣物光亮如新；同时对衣物不会造成伤害。

配方16 高浓缩洗衣液

原料配比

原料	配比（质量份）				
	1#	2#	3#	4#	5#
AES	8	10	15	20	20
AEO-9	20	20	30	40	45
1309 C$_{13}$异构醇(9)醚	2	4	6	6	10
SF-70 C$_{10}$异构醇(7)醚	10	20	30	35	40
增白剂 CBW-020	0.01	0.04	0.08	0.08	0.1
香精	0.1	0.4	0.4	0.8	1
去离子水	加至100	加至100	加至100	加至100	加至100

制备方法 将各组分原料混合均匀即可。

产品应用 本品是一种高浓缩洗衣液。

产品特性 该产品具有去污性能好、泡沫性能强、溶液稳定性好和水溶分散性好的特点。

配方17 高效的浓缩型洗衣液

原料配比

原料	配比（质量份）		原料	配比（质量份）	
	1#	2#		1#	2#
羟乙基纤维素	11	18	二氧化氯	1	5
淀粉酶	3	9	脂肪酸甲酯磺酸钠	4	9
PPG-9-乙基己醇聚醚-5	4	8	脂肪醇聚醚硫酸钠	5	9
发泡蛋白粉	3	6	椰子油酸乙醇酰胺	4	7
皂角蒸馏液	4	8	月桂酸	1	3
羟甲基纤维素	2	4	非离子表面活性剂	2	6
角鲨烷	5	9	冰片	5	7
表面活性剂	2	6	去离子水	加至100	加至100

制备方法 将各组分原料混合均匀即可。

产品应用 本品是一种高效的浓缩型洗衣液。

产品特性 本产品用量少，洗涤效果好，同时使衣物柔软，穿着更加舒服。

配方18 高效环保型洗衣液

原料配比

原料	配比（质量份）					
	1#	2#	3#	4#	5#	6#
AEO-9	5	6	7	10	9	8
椰子油二乙醇酰胺	10	11	13	15	14	12

续表

原料	配比（质量份）					
	1#	2#	3#	4#	5#	6#
薰衣草精油	1	2	2	3	3	2
甘油	12	13	14	18	16	15
绿茶提取液	10	12	13	20	18	15
聚六亚甲基胍	12	13	1	17	15	15
薄荷醇	1	2	3	5	3	3
双烷基季铵盐	5	6	7	10	8	8
橄榄油	10	11	13	20	18	15
透明质酸钠	1	2	2	3	2	2
苯扎溴铵	10	11	13	15	14	12
表面活性剂	7	8	9	12	10	10
去离子水	30	32	34	50	45	40

制备方法

（1）在反应釜中依次加入 AEO-9、椰子油二乙醇酰胺、薰衣草精油、甘油，且将反应釜加热到 50℃，加热的过程中不断搅拌，加热时间 10min，得到 A 溶液；

（2）在另一个反应釜中依次加入绿茶提取液、聚六亚甲基胍、薄荷醇以及 1/3 去离子水，在常温下搅拌 20min 后静置 10min，得到 B 溶液；

（3）将双烷基季铵盐、橄榄油、透明质酸钠、苯扎溴铵、表面活性剂加到 B 溶液中，且加入一半 A 溶液，放入搅拌机中进行搅拌，搅拌机转速设为 800r/min，搅拌时间为 30min，得到 C 溶液；

（4）在 C 溶液中加入另外一半 A 溶液以及 2/3 去离子水，先静置 10min，之后进行缓慢搅拌，搅拌后静置 10min，得到洗衣液成品。

产品应用　本品是一种高效环保型洗衣液。

产品特性　本品制作工艺简单、全程无污染，且制得的洗衣液去污能力强，具有杀菌、抗菌、抑菌能力，长期使用不伤手，且使用后残留洗衣液可任意排放，对环境无污染。

配方19　高效浓缩洗衣液

原料配比

原料		配比（质量份）	
		1#	2#
阴离子表面活性剂	脂肪醇聚氧乙烯醚硫酸钠（AES）	10	10
	月桂醇聚氧乙烯醚磺基琥珀酸单酯二钠（MES）	5	2
非离子表面活性剂	脂肪酸甲酯乙氧基化物（MEE）	10	8
	烷基糖苷（APG）	12	10

续表

原料		配比（质量份）	
		1#	2#
两性表面活性剂	脂肪烷基二甲基甜菜碱（BS-12）	10	8
植物皂	椰子油酸钾	5	5
多效酶	蛋白酶16XL	0.2	0.2
	碱性脂肪酶	0.2	0.2
	纤维素酶	0.1	0.1
无磷洗涤助剂	聚丙烯酸钠	3	2
抗菌剂	二氯苯氧氯酚	0.2	0.2
去离子水		加至100	加至100

制备方法

（1）制备椰子油酸钾：依次加入计量好的去离子水，升温至50~60℃，加入氢氧化钾搅拌至完全溶解，加入椰子油酸在50~60℃下搅拌，与氢氧化钾发生皂化反应直至皂化完全溶液呈澄清状态。

（2）在50℃下加入阴离子表面活性剂、非离子表面活性剂搅拌溶解，加入阴离子表面活性剂时要缓慢搅拌至阴离子表面活性剂全部溶解。

（3）停止加热，加入两性表面活性剂搅拌均匀，用pH试纸检测基液酸碱度，加入无磷洗涤助剂，调节溶液的pH值。

（4）待温度降至30℃以下加入抗菌剂，加入多效酶。

产品应用　本品是一种浓缩高效洗衣液。

产品特性　本产品pH为中性，刺激性低，洗后衣物颜色更透亮，抗沉积效果好，去污力强，洗衣时泡沫细腻，高效去污，绿色环保。

配方20　高效护色去污洗衣液

原料配比

原料	配比（质量份）			原料	配比（质量份）		
	1#	2#	3#		1#	2#	3#
表面活性剂	15	20	18	增稠剂	1	2	1.5
酸性助剂	2	5	4	抗再沉积剂	1	2	1.5
氢氧化钠	0.2	0.6	0.4	迷迭香精油	0.2	0.4	0.3
杀菌剂	0.3	0.5	0.4	定香剂	0.5	1	0.8
螯合剂	0.3	0.5	0.4	茶皂素	2	4	3
荧光增白剂	0.4	0.6	0.5	去离子水	加至100	加至100	加至100
防腐剂	0.2	0.4	0.3				

制备方法　将各组分原料混合均匀即可。

原料介绍　所述表面活性剂选自脂肪酸聚氧乙烯酯、椰子油脂肪酸二乙醇胺、脂肪醇聚氧乙烯醚硫酸钠和十二烷基甜菜碱中至少一种。

所述酸性助剂为柠檬酸和月桂酸的复配物。

所述杀菌剂为对氯间二甲苯酚和三氯生的复配物。

所述螯合剂为乙二胺四乙酸和乙二胺四乙酸钠盐中的至少一种。

所述定香剂为环十五酮、环十五内酯、三甲基环十五酮、麝香-T中的任意一种。

产品应用　本品是一种高效护色去污洗衣液。

产品特性　本品气味清淡，可以去除多种顽固污渍，去污能力强，洗后织物不会发暗、发黄。

配方21　高效洗衣机洗衣液

原料配比

原料	配比(质量份)		原料	配比(质量份)	
	1#	2#		1#	2#
羧甲基纤维素	1	3	4A沸石	1	2
三聚磷酸钠	2	7	AEO-9	2	3
硼酸钠	1	3	脂肪醇聚氧乙烯醚硫酸钠	2	5
十二烷基苯磺酸钠	1	6	二氯异氰尿酸钠	1	3
硅酸钠	1	3	烷基醇酰胺	4	5
谷氨酸	2	4	有机硅氧烷	1	2
增塑剂	2	3	二甲基双十六烷基氯化铵	3	4
硫酸钠	10	15	去离子水	加至100	加至100

制备方法　将各组分原料混合均匀即可。

产品应用　本品是一种高效洗衣机洗衣液。

产品特性　本产品采用温和型表面活性剂，有效保护衣物和皮肤，使衣物减少吸附电荷，减少静电困扰，并且去污、除菌效果好。

配方22　高效洗衣液

原料配比

原料	配比(质量份)		原料	配比(质量份)	
	1#	2#		1#	2#
椰油酰二乙醇胺	2	5	伊乐藻提取液	13	18
脂肪醇聚氧乙烯(6~12)醚	4	5	柠檬酸	18	18
C_3~C_4多元醇	0.5	1	椰子精油	3	8
蛋白酶	0.5	0.5	棕榈仁精油	14	20
甲基甘氨酸二乙酸	2	1.4	去离子水	加至100	加至100

制备方法　将各组分原料混合均匀即可。

产品应用　本品是一种高效洗衣液。

产品特性　本产品具有很强的去污除垢能力。

配方23　高效温和洗衣液

原料配比

原料	配比（质量份）		
	1#	2#	3#
天竺葵精油	6	7	8
金橘提取液	4	5	5
柠檬粉	2	3	4
增稠剂	1	2	2
十二烷基二甲基甜菜碱	5	8	10
脂肪醇聚氧乙烯醚硫酸钠	7	9	12
脂肪醇聚氧乙烯醚	6	8	10
直链烷基苯磺酸钠	4	6	8
螯合剂	2	4	5
去离子水	40	50	70

制备方法　将各组分原料混合均匀即可。

产品应用　本品主要用于硬水、冷水和各种衣料的机洗和手洗，且手洗时手感温和。

产品特性　本品去污力强，产品外观透明、无分层无沉淀，使用方便，适应性强。

配方24　高效去污洗衣液

原料配比

原料		配比（质量份）		
		1#	2#	3#
阳离子烷基多糖苷		20	50	60
脂肪酸聚氧乙烯酯		5	8	12
α-烯烃磺酸钠		0.5	3	5
脂肪醇聚氧乙烯醚硫酸钠		5	12	30
烷醇酰胺		4	8	12
天然皂粉		5	6	10
生物酶	蛋白酶	0.01	—	—
	纤维酶	—	3.5	—
	淀粉酶	—	—	6

续表

原料		配比（质量份）		
		1#	2#	3#
酶稳定剂	甘油	2	—	—
	硼砂	—	7	—
	山梨醇	—	—	12
助溶剂	异丙苯磺酸钠	2	—	10
	二甲苯磺酸钠	—	6	—
防腐剂	氯甲基异噻唑啉酮	—	—	2.5
	甲基异噻唑啉酮	0.01	1.5	—
草本提取液	艾叶提取液	4	—	8
	芦荟提取液	—	6	—
芳香剂	薰衣草精油	0.1	1.5	2
去离子水		50	30	50

制备方法 将各组分原料混合均匀即可，柠檬酸的添加量以将洗衣液的 pH 值调节至 6.5～7.5 为标准。

产品应用 本品是一种具有高效去污、除菌、防静电能力的洗衣液。

产品特性 该洗衣液具有高效去污、除菌、防静电能力；利用该洗衣液手洗衣物时，对手基本无伤害，添加的草本提取液能很好地保护双手；添加的芳香剂使洗衣液气味更宜人。

配方25 高效透明洗衣液

原料配比

原料	配比（质量份）				
	1#	2#	3#	4#	5#
脂肪醇聚氧乙烯(3)醚硫酸钠(70%)	16	22	18	20	19.5
椰油酰二乙醇胺(1∶1.5)	5	2	2	4	3
脂肪醇聚氧乙烯(6)醚	8	—	—	—	—
脂肪醇聚氧乙烯(12)醚	—	3	—	—	—
脂肪醇聚氧乙烯(9)醚	—	—	7	5	6
丙二醇	—	—	1.5	0.8	1
丙三醇	0.5	—	—	—	—
丁三醇	—	2	—	—	—
Savinase@Ultra16XL 蛋白酶	0.5	0.1	0.25	0.15	0.2
氯化钠	0.2	2	0.8	1.2	1
甲基甘氨酸二乙酸	2	0.2	0.8	1.2	1
SECURON 540 有机配合剂	0.2	—	1.2	—	—
L-560 有机配合剂	—	2	—	0.8	—

原料	配比（质量份）				
	1#	2#	3#	4#	5#
挺进31#增白剂	—	—	0.001	0.1	0.04
卡松	—	—	0.2	0.01	0.1
香精	—	—	0.5	0.05	0.2
色素	—	—	0.0008	0.0002	0.0004
水	加至100	加至100	加至100	加至100	加至100

制备方法　在混合釜中，投入水，在搅拌条件下，加入脂肪醇聚氧乙烯醚（3）硫酸钠、椰油酰二乙醇胺（1∶1.5）、脂肪醇聚氧乙烯醚（EO＝6～12）和 C_3～C_4 多元醇，再加入蛋白酶、增白剂、防腐剂、甲基甘氨酸二乙酸、SECURON 540 或 L-560 有机配合剂、色素和香精，再用氯化钠进行黏度调节，即可得到本产品的高效洗衣液。

原料介绍　所述的 C_3～C_4 多元醇，包括丙二醇、丙三醇、丁二醇、丁三醇、丁四醇。

所述的氯化钠，在本产品液体配方中起到增稠作用。

所述的蛋白酶，可将蛋白质水解为易于溶解或分散于洗涤剂溶液中的肽链和氨基酸，可用于洗涤剂配方中，有助于去除如汗渍、血渍、粪便、草渍以及各种食品蛋白类污垢，如肉汤、奶渍等，具有用量少、催化效率高、专一性强的特点，是洗涤剂工业中应用最广泛的酶制剂。

所述蛋白酶，可以选用诺维信公司生产的 Savinase@ Ultra16XL 蛋白酶（赛成@液体蛋白酶16XL超强稳定型），该原料为超强稳定型液体蛋白酶，应用在水含量较高的本产品洗衣液配方中，不仅提高了洗衣液的预涂抹效果，而且增加了其清除特殊污渍的能力。

所述的甲基甘氨酸二乙酸，简称 MGDA 酸。

所述的 SECURON 540 有机配合剂，是汉高公司生产的一种不含表面活性剂以有机酸为主要成分的配合剂，商品名称为 SECURON 540。SECURON 540 是一种高效的多用途配合物，能分解清除钙皂沉淀物，而且对重金属和金属离子有突出的配合能力，该能力的大小取决于 pH 值，最适宜的 pH 值介于 7 与 12 之间。

所述的 L-560 有机配合剂，是上海罗林洗涤助剂有限公司生产的一种丙烯酸类共聚物与有机酸盐类混合物，商品名称为 L-560，能改善水质，分解清除钙皂沉淀物，而且对钙、镁、铁、铜等金属离子具有突出的配合能力，提高去污能力。

所述的防腐剂，采用本行业常用的防腐剂，可以为 ECOCIDE B50/2 防腐剂、ECOCIDEITH2 防腐剂、Nuosept@ 95 防腐剂或卡松。

产品应用　本品是一种高效洗衣液。

产品特性　本产品外观透明、无分层无沉淀。使用方便，适应性强，适用于硬水、冷水和各种衣料的机洗和手洗，且手洗时，手感温和。

配方26　硅藻土洗衣液

原料配比

原料		配比（质量份）			
		1#	2#	3#	4#
增稠剂	羧甲基纤维素钠	1.5	1.2	2	2
	羟乙基纤维素钠	—	—	—	1
分散剂	聚丙烯酸钠	1	1.8	1	2
	聚乙二醇	1	—	1	—
200目煅烧硅藻土		1	2	3	4
三乙醇胺		3	5	7	9
硅酸钠		4	3	3	5
高级脂肪酸	棕榈酸	3	6	3	4
	硬脂酸	2	—	3	3
	柠檬酸	1	—	—	—
表面活性剂	脂肪醇聚氧乙烯（7）醚	7	15	15	15
	脂肪醇聚氧乙烯（9）醚	16	10	10	10
	椰子油脂肪酸二乙醇酰胺	8	5	5	5
香料		0.2	0.2	0.2	0.2
去离子水		加至100	加至100	加至100	加至100

制备方法

（1）将准确计量的去离子水加入反应釜，缓慢加入准确计量的硅酸钠、棕榈酸、柠檬酸以及硬脂酸并加热，温度控制在85℃，搅拌至完全溶解，搅拌速度控制在650r/min；

（2）将上述所得溶液冷却，温度控制在35℃，缓慢加入准确计量的三乙醇胺并搅拌均匀，搅拌速度控制在650r/min；

（3）将上述所得溶液缓慢加入准确计量的羧甲基纤维素钠、羟乙基纤维素钠及聚丙烯酸钠与聚乙二醇，并搅拌至完全溶解，搅拌速度控制在650r/min；

（4）将上述所得溶液缓慢加入准确计量的硅藻土，搅拌均匀，搅拌速度控制在650r/min；

（5）将上述所得溶液加入准确计量的脂肪醇聚氧乙烯（7）醚、脂肪醇聚氧乙烯（9）醚和椰子油脂肪酸二乙醇酰胺，搅拌均匀，搅拌速度控制在500r/min；

（6）将上述所得溶液加入准确计量的香料，搅拌均匀，搅拌速度控制在500r/min；

（7）静置消泡，检验各项指标。

产品应用 本品是一种以硅藻土作为特殊助剂的高效浓缩洗衣液。

产品特性 本产品利用硅藻土特殊的孔隙结构，通过硅藻土在洗衣液体系中的吸附作用和粒子机械"拍打"作用实现被洗物表面污渍的去除，提高新型硅藻土浓缩洗衣液的洗涤能力。本产品中引入的硅藻土对染料具有强大的吸附能力，为此硅藻土的加入能有效吸附洗涤过程中的褪色染料物质，有效防止了褪色衣物对其他衣物的污染。

配方27 含光学漂白剂的中性低泡洗衣液

原料配比

原料		配比（质量份）	
		1#	2#
表面活性剂	C_{12}～C_{14}脂肪醇聚氧乙烯醚硫酸钠（AES）	6	—
	C_{12}～C_{16}脂肪醇聚氧乙烯醚硫酸钠（AES）	—	2
	烷基糖苷（APG）	3	6
	椰油酰胺基丙基甜菜碱（CAB）	2	—
	月桂酰胺丙基氧化胺（LAO-30）	—	4
	C_{12}～C_{16}脂肪醇聚氧乙烯（9）醚	2	1
植物油酸皂	蓖麻油酸皂	5	8
光学漂白剂	Tinolux⑩BMC 光学漂白剂	0.02	0.05
抗再沉积剂	PA25CL 聚丙烯酸钠盐	3	5
螯合剂	乙二胺四乙酸二钠盐	0.1	—
	柠檬酸钠	—	0.5
防腐剂	2-甲基异噻唑-3($2H$)-酮（MIT）	0.2	0.2
香精		0.1	0.1
增稠剂	氯化钠	2	1.5
去离子水		76.58	71.65

制备方法

（1）依次加入计量好的去离子水，升温至 60～70℃，搅拌同时加入表面活性剂、植物油酸皂，搅拌使之溶解。

（2）降温至 30℃以下，加入光学漂白剂、抗再沉积剂、螯合剂、香精、防腐剂、增稠剂，搅拌使之溶解。

（3）用 300 目滤网过滤后包装。

产品应用 本品是一种含光学漂白剂的中性低泡洗衣液。

产品特性 本产品 pH 为中性，刺激性低，洗后衣物亮白增艳，去污力强，冷水、温水中具有良好去污效果，添加植物油酸皂，洗衣时泡沫少，易漂。

配方28 含酶浓缩低泡型洗衣液

原料配比

原料		配比(质量份)			
		1#	2#	3#	4#
多元非离子表面活性剂	脂肪醇聚氧乙烯(9)醚	10	8	10	10
	脂肪醇聚氧乙烯(7)醚	9	7	8	10
阴离子表面活性剂	脂肪醇聚氧乙烯醚硫酸钠-70型	15	20	17	14
脂肪酸	$C_8 \sim C_{18}$脂肪酸	3	—	—	3
	月桂酸	—	3.5	—	—
	$C_{12} \sim C_{18}$脂肪酸	—	—	3	—
氢氧化钠		0.58	0.65	0.55	0.58
螯合剂	柠檬酸钠	3	3	2	2
多元生物酶制剂	蛋白酶	0.5	0.5	0.5	0.5
	纤维素酶	—	0.5	—	—
	脂肪酶	—	—	—	0.2
复合稳定剂	硼砂	—	1	—	—
	甲酸钠	1	—	0.75	1
	乙酸钠	—	—	2	3
	丙二醇	5	5	3	4
多元溶剂	乙醇	3	3	—	—
	乙二醇丁醚	—	—	3	3
卡松防腐剂		0.05	0.05	0.05	0.05
香精		0.3	0.3	0.3	0.3
去离子水		加至100	加至100	加至100	加至100

制备方法 在配制缸中先加入部分去离子水和氢氧化钠碱水溶液,并将温度升至55~65℃,加入脂肪酸,搅拌至完全透明;加入螯合剂(如柠檬酸钠),搅拌溶解;按顺序加入阴离子表面活性剂(如脂肪醇聚氧乙烯醚硫酸钠-70型)、多元非离子表面活性剂[如脂肪醇聚氧乙烯(9)醚、脂肪醇聚氧乙烯(7)醚],搅拌至全部溶解;然后,加入余量去离子水,并将温度降至30℃以下,依次加入多元溶剂、复合稳定剂、多元生物酶制剂、香精和防腐剂,搅拌至完全溶解;取样进行化验,合格后,过滤、灌瓶,进行包装。

产品应用 本品是一种用量少、效果好、制备简单、成本低廉的含酶浓缩低泡型洗衣液。

产品特性

(1) 本产品采用了多元非离子表面活性剂、阴离子表面活性剂和脂肪酸进行复配，不仅保证洗涤去污力，同时在洗涤过程中的泡沫也得到了控制，易于漂洗；采用了多元生物酶制剂，能有效去除衣物上的奶渍、汗渍、血渍等多重特殊污垢；采用了多元溶剂和复合稳定剂技术使酶制剂活力稳定性得到提高。

(2) 由于为浓缩配方，当表面活性剂含量为30%时，洗涤用量减少一半，在国标JB01、JB03去污力有很好的表现，由于加入酶制剂，对国标蛋白污垢JB03、WFK10026、EMPA164特殊污布表现出较好的去污比值；洗涤时泡沫低，易于漂洗。

(3) 本产品在用量减半的情况下，去污力与普通洗衣液相比仍有很好的表现；在泡沫表现上，本产品在整个滚筒洗衣机洗涤过程中，泡沫高度维持在窗口一半高度以下，为低泡易漂洗衣液。

配方29　含水溶性蛋白酶的高效中性洗衣液

原料配比

原料	配比(质量份)	原料	配比(质量份)
去离子水	26	氯化钠	5
十二烷基苯磺酸钠	7	乙醇	10
乙氧基化烷基硫酸钠	13	水溶性蛋白酶	0.3
C_{12}脂肪醇聚氧乙烯(9)醚	20	甘油	5
柠檬酸钠	5	Kathon CG	0.01
硼砂	3	茉莉花香精	0.15
碳酸钠	5		

制备方法

(1) 将去离子水加入反应釜中，开动搅拌器，转速100~200r/min，依次加入十二烷基苯磺酸钠、乙氧基化烷基硫酸钠、C_{12}脂肪醇聚氧乙烯 (9) 醚，搅拌至溶解均匀。

(2) 再将柠檬酸钠、硼砂、乙醇、碳酸钠、氯化钠依次投入反应釜中，搅拌至溶解均匀，转速100~200r/min。然后用柠檬酸调节液体的pH值在7~8.5之间。

(3) 将水溶性蛋白酶溶解在甘油中，然后加入到反应釜中，搅拌至溶解均匀，转速100~200r/min。

(4) 用柠檬酸调pH至中性，依次加入防腐剂和香精，搅拌至溶解均匀，转速100~200r/min。即得该洗衣液。

产品应用　本品是一种含水溶性蛋白酶的高效中性洗衣液。

产品特性　本洗衣液是无磷、无铝的中性配方，不伤皮肤和衣物，配以水溶性蛋白酶，去污指数高达199（标准洗衣粉为1）。

配方30　含天然油脂的中性低泡洗衣液

原料配比

原料		配比(质量份)	
		1#	2#
表面活性剂	脂肪醇聚氧乙烯醚硫酸钠(AES)	8	10
	椰子油脂肪酸二乙醇酰胺	3	1
	脂肪醇聚氧乙烯(7)醚	2	3
	脂肪醇聚氧乙烯(9)醚	3	1
天然油脂	牛羊油	2	1
氢氧化钠		0.6	0.3
中和酸	烷基苯磺酸	1	—
	柠檬酸	—	1
抗再沉积剂	PA25CL聚丙烯酸钠盐	3	3
螯合剂	乙二胺四乙酸二钠盐	0.1	—
防腐剂	2-甲基异噻唑-3(2H)-酮(MIT)	0.2	0.2
香精		0.1	0.1
增稠剂	氯化钠	2	1.5
去离子水		75	77.9

制备方法

(1) 依次加入计量好的去离子水,升温至 $50 \sim 60℃$,搅拌同时加入天然油脂和氢氧化钠,再加入表面活性剂,搅拌使之溶解。

(2) 降温至30℃以下,加入中和酸、抗再沉积剂、螯合剂、香精、防腐剂、增稠剂,搅拌使之溶解。

(3) 用300目滤网过滤后包装。

产品应用　本品是一种含天然油脂的中性低泡洗衣液。可有效消泡抑泡,中性无刺激,易漂洗,且洗涤后的衣物清洁度高。

产品特性　本产品洗后泡沫较低,易漂洗,生物降解性好,无残留不伤衣物纤维。其 pH 为中性,刺激性低,去污力强,冷水、温水中具有良好去污效果。

配方31　含无患子洗衣液

原料配比

原料	配比(质量份)		
	1#	2#	3#
氢氧化钠	2	3	4
无患子提取液	5	7	8
茶树油	0.3	0.8	1

续表

原料	配比(质量份)		
	1#	2#	3#
柔顺保护剂	0.3	0.7	1
蛋白酶	0.2	0.8	1
柠檬酸钠	0.3	1.2	2
非离子表面活性剂	4	5	6
乙醇	2	4	5
去离子水	加至100	加至100	加至100

制备方法　将 $25\sim35℃$ 的去离子水加入反应釜，将氢氧化钠溶解在少量去离子水中，并加入反应釜搅拌均匀，加入非离子表面活性剂搅拌 20min 后，加热至 75℃，在搅拌条件下依次加入无患子提取液、柔顺保护剂、蛋白酶和柠檬酸钠，降温至 35℃，加入茶树油和乙醇，再加去离子水至 100 份搅拌均匀，即可得到本产品的洗衣液。

原料介绍　所述非离子表面活性剂为聚氧乙烯月桂醇醚。

产品应用　本品是一种洗衣液。

产品特性　本产品中无患子提取液中含有皂苷，与氢氧化钠和非离子表面活性剂配合使用，可以有效去除衣物中的污渍，而且柔顺保护剂可以增加衣物的柔软度，在使用者皮肤表面形成保护膜，保护手部皮肤；茶树油和乙醇不仅可以保护皮肤，还具有较好的抑制细菌效果。

配方32　含有茶树油的洗衣液

原料配比

原料	配比(质量份)				
	1#	2#	3#	4#	5#
氢氧化钠	1	3	2	1.5	3
磺酸盐型阴离子表面活性剂	10	1	10	8	3
脂肪醇醚硫酸盐	5	5	10	5	7
EDTA-4Na	0.5	1	1.2	0.4	0.4
烷基酰胺基丙基氧化铵	1	10	5	4	3
壬基酚聚氧乙烯醚	1	10	5	3	5
柔顺保护剂 VS-2	1	0.1	0.8	0.2	0.7
甜菜碱	1	22	1.5	1.8	2
无患子提取液	2	10	6	7	10
工业盐	—	0.1	0.3	—	2
杀菌剂	0.01~2	—	0.01	—	2
茶树油	0.5	0.1	1	1	0.6
水溶性淀粉	6	2	10	10	7
去离子水	加至100	加至100	加至100	加至100	加至100

  制备方法 将 35~45℃的去离子水加入反应釜，将氢氧化钠溶解在少量去离子水中并搅拌均匀，加入磺酸盐型阴离子表面活性剂搅拌 15~30min 后，加入脂肪醇醚硫酸盐、EDTA-4Na、烷基酰胺基丙基氧化铵、壬基酚聚氧乙烯醚和柔顺保护剂 VS-2，搅拌 20~40min 后，加入甜菜碱、无患子提取液，搅拌 10min 后，冷却至 25℃以下，加入工业盐、杀菌剂、茶树油和水溶性淀粉。

  原料介绍 所述杀菌剂为凯松和尼泊金酯的混合物。

  产品应用 本品是一种含有茶树油的洗衣液，能够在使用过程中保护手部皮肤，防止手部皮肤老化。

  产品特性 本产品是含有茶树油的洗衣液，甜菜碱和茶树油不仅能够保护皮肤，还具有较好的抑菌效果，在衣物洗涤完成后，能够吸附在衣物表面，用本产品洗衣液洗涤的衣物，不仅比较柔软，而且能够有效抑菌。

配方33 含有茶皂素的洗衣液

  原料配比

原料	配比（质量份）		
	1#	2#	3#
烷基苯磺酸钠	8	10	15
脂肪酸钾皂	2	3	12
脂肪醇聚氧乙烯醚硫酸钠	7	9	15
烷基糖苷	1	2	4
脂肪醇聚氧乙烯醚	10	12	28
茶皂素	2	3	6
荧光增白剂 CBS-X	0.05	0.01	0.01
聚丙烯酸盐增稠剂	1	1	0.5
EDTA	0.08	0.1	0.8
香精	—	0.1	0.1
去离子水	60	50	60

  制备方法 将阴离子表面活性剂及去离子水加入到搅拌釜中，加热到 80~95℃溶解，再加入非离子表面活性剂和茶皂素，搅拌直至其全部溶解，冷却，最后添加荧光增白剂及其他添加助剂，全部溶解后即制备得到含有茶皂素的洗衣液。

  原料介绍 所述阴离子表面活性剂为烷基苯磺酸钠、脂肪酸钾皂和脂肪醇聚氧乙烯醚硫酸钠三种物质的混合物。

  所述非离子表面活性剂为烷基糖苷、脂肪醇聚氧乙烯醚两种物质的混合物。

  产品应用 本品是一种含有天然成分茶皂素同时可杀菌去污的抗菌洗衣液。

  产品特性 本产品配方合理，去污效果显著，具有良好的杀菌和消毒功能，所获产品绿色环保、安全无污染，所使用的制备方法简单易操作，便于推广应用。

配方34 含有持久香味的洗衣液

原料配比

原料	配比（质量份） 1#	配比（质量份） 2#	原料	配比（质量份） 1#	配比（质量份） 2#
去离子水	40	40	谷氨酸	1	1
偏硅酸钠	4	4	天冬氨酸	2	2
硅酸钠	7	7	丙二醇	2	2
十二烷基硫酸钠	7	7	增塑剂	1	1
羟甲基纤维素	4	4	十二烷基二甲苄基氯化铵	3	3
天然芦荟汁	3	3	蒲公英提取物	—	5
甜杏仁油	3	3	乳化剂	—	1
赖氨酸	7	7			

制备方法 将各组分原料混合均匀即可。

产品应用 本品是一种含有持久香味洗衣液。

产品特性 本产品在保证良好的去污效果的基础上，添加含有伯胺基团的氨基官能团聚合物、伯胺化合物、酮和醛的香料组分之间的反应物，这些成分在织物上附着较牢固，挥发较慢，因此能够提供持续的清香。

配方35 含有皂基表面活性剂的洗衣液

原料配比

原料		配比（质量份） 1#	配比（质量份） 2#	配比（质量份） 3#
皂基表面活性剂	油酸钾皂	5	—	—
	棕榈酸钾皂	—	20	—
	油酸钾皂、棕榈酸钾皂的混合物	—	—	15
阴离子表面活性剂	烷基苯磺酸盐（LAS）和脂肪醇聚氧乙烯醚硫酸盐（AES）混合物	5	—	—
	α-烯基磺酸盐（AOS）	—	20	—
	烷基苯磺酸盐（LAS）、脂肪醇聚氧乙烯醚硫酸盐（AES）和α-烯基磺酸盐（AOS）的混合物	—	—	15
非离子表面活性剂	AEO-9	2	—	—
	AEO-7	—	10	—
	AEO-9 和 AEO-7 的混合物	—	—	7
护肤剂	丙三醇（甘油）	2	—	—
	三梨醇	—	5	—
	丙三醇（甘油）和三梨醇的混合物	—	—	4

续表

原料		配比（质量份）		
		1#	2#	3#
荧光增白剂	双三嗪类二苯乙烯衍生物	—	0.2	—
	双苯乙烯-联苯型光学增白剂	0.01	—	—
	双苯乙烯-联苯型光学增白剂与双三嗪类二苯乙烯衍生物的混合物	—	—	0.1
水质软化剂	柠檬酸盐	2	10	6
螯合剂	乙二胺四乙酸二钠盐	0.1	—	—
	乙二胺四乙酸四钠盐	—	0.5	—
	乙二胺四乙酸二钠盐和乙二胺四乙酸四钠盐的混合物	—	—	0.3
防腐剂		0.05	0.1	0.08
pH调节剂	柠檬酸	0.2	—	—
	三乙醇胺	—	1	—
	氢氧化钠	—	—	0.05
香精		0.2	0.8	0.6
水		83	67	50

制备方法

(1) 按照上述质量份对各组分进行备料；

(2) 将配方中的皂基表面活性剂加入反应釜中并加入水，开始搅拌，升温至 50～55℃，再搅拌 30min；

(3) 每隔 5min 依次加入阴离子表面活性剂、非离子表面活性剂、护肤剂、荧光增白剂、水质软化剂、螯合剂、pH 调节剂，加完后再搅拌 20min，调节 pH 值为 8.5～9.5，降温至 35～40℃，加入防腐剂与香精，再继续搅拌 20min；

(4) 半成品进行陈化处理制得均匀透亮的洗衣液。

产品应用　本品是一种高效去污、易漂洗、不伤手，有效减少洗衣液排放过程中活性物的排放量，减少环境污染的含有皂基表面活性剂洗衣液。

产品特性

(1) 皂基表面活性剂的加入使体系形成了多元表面活性剂复配，有效提高了洗衣液的去污能力，更重要的是降低了洗衣液体系的起泡能力，在保持洗衣液易溶解特点的前提下，特别容易漂洗，节约用水，节省时间，同时皂基表面活性剂对皮肤刺激性较低，再加之体系中添加了护肤成分——甘油，手洗衣物起到护肤不伤手的效果。

(2) 生产工艺简单，成本低，易溶于水，对织物无残留、无损伤，使用方便。

配方36 含有脂肪酸的洗衣液

原料配比

原料	配比（质量份）		
	1#	2#	3#
98%脂肪酸	30	20	40
96%磺酸	37	25	50
30%液碱	64.5	50	80
去离子水	649	600	700
70%AES	100	80	120
CBS-X	1.5	1	4
蓝色素	0.01	0.01	0.1
EDTA-2Na	1.0	0.6	4
AEO-9	20	10	30
AEO-7	50	30	70
柠檬酸	15	8	20
防腐剂	1.0	0.5	2.5
盐	15	10	25
椰子油脂肪酸	12	8	20
香精	3.5	1	6

制备方法 将各组分原料混合均匀即可。

产品应用 本品是一种含有脂肪酸的洗衣液。

产品特性 本产品所使用的脂肪酸系从餐厨垃圾中提取，餐厨垃圾的回收成本极低，所以具有成本低的特点；生产过程中不添加任何添加剂，所以无毒、无副作用。由于采用了脂肪酸与烧碱反应生成脂肪酸钠作为阴离子表面活性剂，所以具有生物降解度好、泡沫低的特点；本产品具有无磷、环保、无污染的特点。

配方37 护肤洗衣液

原料配比

原料	配比（质量份）			
	1#	2#	3#	4#
茉莉花精油	1	1.5	4.5	5
珍珠粉	5	4.5	1	3
草木灰	1	2	1	2
柠檬粉	5	3	3.5	5
皂角粉	2	6	8.5	2
去离子水	50	40	50	30
羧甲基纤维素钠	1	3	1	4

制备方法 将各组分原料混合均匀即可。

产品应用 本品是一种成分简单、香气独特和健康环保的护肤洗衣液。

产品特性 本产品以各种植物成分为主要组分，其配方合理，具有去污能力强、健康环保和不伤手的优点，同时该护肤洗衣液添加有植物精油，还能够美白护肤和为产品添加独特的清香味。

配方38 护肤低泡洗衣液

原料配比

原料	配比（质量份）		原料	配比（质量份）	
	1#	2#		1#	2#
十二烷基苯磺酸钠	6	8	薄荷油	7	7
脂肪醇聚氧乙烯醚	3	3	柠檬酸	12	12
碳酸钠	12	13	凤仙花精油	6	6
碱性蛋白酶	0.1	0.5	丁香油	3	6
增白剂	0.4	0.4	去离子水	加至100	加至100
二甲基聚硅氧烷	3	3			

制备方法 将各组分原料混合均匀即可。

产品应用 本品是一种护肤洗衣液。

产品特性 本产品配方合理，泡沫少，减少了漂洗用水，去污效果好，不含磷，减少对环境的污染。

配方39 护肤增强洗衣液

原料配比

原料	配比（质量份）		原料	配比（质量份）	
	1#	2#		1#	2#
天竺葵精油	7	6～8	C_3～C_4多元醇	2	1.5
金橘提取液	4	5	蛋白酶	0.5	0.5
柠檬粉	2.5	4.5	甲基甘氨酸二乙酸	2	2
椰油酰二乙醇胺	2	5	水	加至100	加至100
脂肪醇聚氧乙烯(6～12)醚	3	3			

制备方法 将各组分的原料混合调配制成。

产品应用 本品是一种护肤增强洗衣液。

产品特性 本产品通过添加天竺葵精油，具有抗菌除纹、增强细胞修复功能、促进血液循环等多种保健功能，添加金橘提取液具有气味清新、美白皮肤、促进皮肤光泽和弹性的功能，柠檬粉有去除衣物污渍的功效，多方面结合，既能够有效去污，又能够护肤保健，弥补了传统洗衣液的不足。

配方40　护手洗衣液

原料配比

原料	配比(质量份)		
	1#	2#	3#
脂肪醇聚氧乙烯醚硫酸钠	10	15	13
丙二醇	3	8	6
淀粉酶	1	2	2
芦荟提取液	3	8	5
海藻酸钠	0.8	1.5	1.3
卡松	0.4	0.6	0.5
去离子水	1000	1500	1300

制备方法　将各组分原料混合均匀即可。

产品应用　本品是一种具有护手功能的洗衣液。

产品特性　本品制造成本低，洗涤效果好，不含碱性成分，对皮肤的刺激性小，而且其中的芦荟提取液成分对手部皮肤还有很好的护理保养作用。

配方41　花香型洗衣液

原料配比

原料	配比(质量份)			
	1#	2#	3#	4#
十二烷基苯磺酸	5.5	7.8	10	5
脂肪酸甲酯乙氧基化物	8	9	5.5	10
脂肪醇聚氧乙烯醚	5	1.4	3	5
碳酸钠	1	3	5	1
硅酸钠	3	5	1.5	1
碱性蛋白酶	1.5	0.1	1	1.5
桂花提取液	72.5	75	80	70

制备方法　将桂花用10～20倍质量的水在沸腾状态下提取10～30min后，过滤取滤液制得桂花提取液，趁热往桂花提取液中加入其余组分，搅拌均匀后即可。

原料介绍　所述桂花提取液为将桂花用10～20倍质量的水在沸腾状态下提取10～30min后，过滤取滤液制得。

产品应用　本品是一种去污能力好、添加有自然香味提取物的洗衣液。

产品特性　本产品配方简单，易于制备，其采用的是桂花提取液为溶剂，添加了自然香味，健康环保，同时该洗衣液还具有去污能力强，不伤手，令衣物鲜亮、干净等优点。洗时手部无刺激感，洗后衣物干净明亮，无污渍残留，并带有桂花的清香味道。

配方42　环保高效型洗衣液

原料配比

原料		配比（质量份）					
		1#	2#	3#	4#	5#	6#
脂肪醇聚氧乙烯醚硫酸盐	脂肪醇碳链为 C_{10}～C_{18}、环氧乙烷加成数为 2～4、7～15 的脂肪醇聚氧乙烯醚硫酸钠盐	2	3	4	5	6	8
脂肪醇聚氧乙烯醚		2	3	4	5	6	6
阴离子双子表面活性剂	N,N'-双烷基，其中烷基碳链为 C_{12}	1	—	—	—	—	—
	N,N'-双烷基，其中烷基碳链为 C_{14}	—	1	—	—	—	—
	N,N'-双烷基，其中烷基碳链为 C_{16}	—	—	2	—	—	—
	N,N'-双琥珀酸单酰乙二胺钾盐，其中烷基碳链为 C_{12}	—	—	—	2	—	—
	N,N'-双琥珀酸单酰乙二胺钾盐，其中烷基碳链为 C_{14}	—	—	—	—	3	—
	N,N'-双琥珀酸单酰乙二胺钾盐，其中烷基碳链为 C_{16}	—	—	—	—	—	3
有机胺	单乙醇胺	0.5	1	—	—	—	—
	二乙醇胺	—	—	1.5	2	—	—
	三乙醇胺	—	—	—	—	2.5	3
氢氧化钾		0.5	1	1.5	2	3	4
柠檬酸钠		0.5	1	1	1.5	1.5	2
香精		0.05	0.1	0.2	0.3	0.4	0.5
水		加至100	加至100	加至100	加至100	加至100	加至100

制备方法

（1）按照上述质量份对各组分进行备料；

（2）将配方中水总量的 30%～70%、氢氧化钾置于混合器中加热至65～70℃，加入阴离子双子表面活性剂，搅拌至完全溶解；

（3）在搅拌情况下加入脂肪醇聚氧乙烯醚硫酸盐至完全溶解，停止加热；

（4）不需冷却，在搅拌情况下依次加入有机胺、脂肪醇聚氧乙烯醚、柠檬酸钠；

（5）搅拌透明后，加入氢氧化钾调节 pH 值为 8.5～10；

（6）待冷却至35℃以下时加入香精及余量水搅拌至均匀；

（7）半成品进行陈化处理；

（8）抽样检测，成品包装。

产品应用　本品是一种采用新型阴离子双子表面活性剂的环保高效型洗

衣液。

产品特性　本产品配方合理,低温易溶,使用更少量表面活性剂,仍保持优异的洗涤效果,达到节能减排的效果。

配方43　环保洗衣液

原料配比

原料		配比(质量份)		
		1#	2#	3#
香精	玫瑰花精油、茉莉精油的混合物	6	—	—
	百合精油、薰衣草精油的混合物	—	8	—
	玫瑰花精油、茉莉精油、百合精油、薰衣草精油的混合物	—	—	7
去离子水		72	79	75
烷基磺酸钠盐		11	14	13
十二烷基二甲基氧化胺		13.5	15.5	14
增白剂		0.3	0.5	0.4
脂肪醇聚氧乙烯醚		21	24	23
丙二醇		0.7	2.3	1.5
乙醇		31	34.5	32.5
乙二胺四乙酸钠盐		0.2	0.45	0.3

制备方法　将按照质量份称取的各组分放入容器中,在放入的过程中,不停搅拌,搅拌均匀后即为成品。

产品应用　本品是一种环保洗衣液。

产品特性　本产品原料易得,配比合理,洗涤效果好,在使用过程中有自然的芳香,洗涤后的废水无污染。

配方44　环保节水洗衣液

原料配比

原料	配比(质量份)		原料	配比(质量份)	
	1#	2#		1#	2#
N,N-双(3-氨丙基)十二烷胺	6	10	野菊	2	6
螯合剂	3	6	白芷	3	8
十二烷基苯磺酸钠	5	7	烷基磺酸钠盐	3	8
溶菌酶	4	9	增白剂	2	5
脂肪酸甲酯磺酸钠	3	8	乙二胺四乙酸二钠盐	7	9
椰油粉	1	5	食盐	2	6
乙氧基化烷基硫酸钠	4	10	去离子水	加至100	加至100

制备方法 将各组分原料混合均匀即可。

产品应用 本品是一种环保节水洗衣液。

产品特性 本产品对环境的影响极小，同时节水节能，并且具有芳香气味。

配方45　环保易漂洗洗衣液

原料配比

原料	配比（质量份）		原料	配比（质量份）	
	1#	2#		1#	2#
柠檬香精	1	8	椰子油脂肪酸二乙醇酰胺	0.5	1.5
脂肪醇聚氧乙烯醚	2	9	皂基	0.05	3.5
椰油酰胺基丙基甜菜碱	6	12	二甲基聚硅氧烷	1	5
乳化剂	4	13	水	50	60
烷基多苷	0.9	1.5			

制备方法 将各组分原料混合均匀即可。

产品应用 本品是一种环保洗衣液。

产品特性 本产品味道清香，泡沫少，易洗。

配方46　环保去污洗衣液

原料配比

原料	配比（质量份）		原料	配比（质量份）	
	1#	2#		1#	2#
十二烷基硫酸钠	10	6	植酸	2	1
表面活性剂6501	6	8	去离子水	加至100	加至100
纳米级硅酸镁锂	1	1			

制备方法 将十二烷基硫酸钠溶入去离子水中，30～40min后，加入表面活性剂6501搅拌30～35min，并在搅拌过程中加入植酸，之后静置15～20min，再在搅拌条件下加入纳米级硅酸镁锂，待纳米级硅酸镁锂完全分散，进行灌装即可。

产品应用 本品是一种生产成本低、去污力强、无毒副作用的环保去污洗衣液。

产品特性 本产品具有生产成本低、无毒副作用、去污力强的特点，其生产原料均为环保产品。

配方47　环保超浓缩生物酶洗衣液

原料配比

原料	配比（质量份）			
	1#	2#	3#	4#
脂肪醇聚氧乙烯醚硫酸钠-70型	20	30	15	28

原料		配比（质量份）			
		1#	2#	3#	4#
脂肪醇聚氧乙烯(9)醚		26	20	28	22
仲烷基磺酸钠-60 型		15	6	15	8
三乙醇胺		8	5	8	8
柠檬酸钠		3	2	2	2
柠檬酸		0.2	0.6	—	0.5
硬脂酸		—	—	—	0.8
肉豆蔻酸		1	—	—	—
棕榈酸		—	—	1.6	—
生物酶	液体蛋白酶	1	0.5	1	1
	液体脂肪酶	0.5	0.2		
酶稳定剂	甘油	—			8
	硼砂	0.5	—		
	丙二醇	5	6	3	—
	甲酸钠				1
溶剂	乙醇	—	2		4
	乙二醇				8
	二丙二醇丁醚	12		8	
	二丙二醇丙醚	—	12		
水溶助长剂	二甲苯磺酸钠	—		3	
杀菌剂	三氯羟基二苯醚	0.3		0.3	
防腐剂	1,2-苯并异噻唑啉-3-酮	0.05	—	0.005	0.005
	甲基异噻唑啉酮/氯甲基异噻唑啉酮	—	0.002	—	—
香精		0.2	0.2	0.2	0.2
去离子水		7.25	15.498	14.85	8.45

制备方法

（1）按上述各组分质量配比备料。

（2）启动配制罐搅拌，加入预加热熔化的脂肪醇聚氧乙烯（9）醚和三乙醇胺加热升温。

（3）温度升至55～75℃，然后加入脂肪酸，搅拌至全部熔化并均匀透明。

（4）加入溶剂，搅拌 3～5min 至均匀；停止加热，顺序加入脂肪醇聚氧乙烯醚硫酸钠-70 型和仲烷基磺酸钠-60 型，搅拌 10min。

（5）加入去离子水，并开始液料降温，使液料温度保持在 20～40℃，搅拌使均匀透明后，再顺序加入柠檬酸钠、水溶助长剂和酶稳定剂，搅拌至溶解。

（6）顺序加入杀菌剂和生物酶，搅拌 10min 后再加入香精、防腐剂。

（7）半成品取样检测合格后，过滤，陈化处理。

（8）抽样检测，灌装，成品包装。

产品应用 本品主要用于各种织物及衣物的洗涤，手洗和机洗皆宜。

产品特性 本品运用多重天然生物发酵产品高效液体生物酶，极大提高了液体洗涤剂的去污力，对多种顽固污渍有强力去除效果。极少量添加即可替代大量化学品的添加，降低了洗涤过程中化学品的排放。同时运用多重酶稳定技术，保障产品在储存过程中的酶活力稳定性，将普通液体洗涤剂的产品保质期从半年提高至 2 年以上。

配方48　新型混纺衣物用环保洗衣液

原料配比

原料	配比（质量份）			
	1#	2#	3#	4#
去离子水	25	35	29	30
十二烷基苯磺酸镁	1	5	2	3
烷基亚氨基二丙酸	5	15	7	10
二甲基硅氧烷	0.5	1.5	0.9	1.1
烷醇酰胺	2	5	3	3.5
聚乙二醇	5	10	7	8
三乙醇胺	2	5	3	3.5
异构烷烃溶剂	20	32	25	28
异辛烷	10	20	14	16
丙二醇正丁醚	5	15	8	10
偏硅酸钠	1	6	3	4
次氯酸钠	1	5	2	3
增白剂	0.1	0.3	0.15	0.2
香精	0.1	0.2	0.13	0.15

制备方法 先将去离子水加入反应釜，然后依次加入十二烷基苯磺酸镁、烷基亚氨基二丙酸、二甲基硅氧烷、烷醇酰胺、聚乙二醇、三乙醇胺、异构烷烃溶剂、异辛烷和丙二醇正丁醚，混合均匀后，加入偏硅酸钠、次氯酸钠、增白剂和香精，在转速为 600～700r/min 下搅拌均匀，即得洗衣液。

产品应用 本品是一种新型混纺衣物用环保洗衣液。

产品特性 本产品去污力强，针对不同材质的面料都具有很好的去污效果，并且对皮肤温和、不损伤衣物，清洗后的污水排到环境中不会污染环境。本产品提供的洗衣液对各种面料都具有很好的去污能力，适用于各种面料的混纺衣物。

配方49 基于鱼肠蛋白酶的洗衣液

原料配比

原料		配比(质量份)				
		1#	2#	3#	4#	5#
鱼肠蛋白水解酶液		100 (体积份)	100 (体积份)	100 (体积份)	120 (体积份)	100 (体积份)
表面活性剂	α-烯烃磺酸盐(AOS)	100 (体积份)	—	—	—	—
	脂肪醇聚氧乙烯醚(AEO)	—	115 (体积份)	—	—	—
	脂肪醇硫酸(酯)盐	—	—	115 (体积份)	—	—
	烷基磷酸单(双)酯盐	—	—	—	150 (体积份)	—
	直链烷基苯磺酸钠(LAS)	—	—	—	—	135 (体积份)
增稠剂	乙醇	10 (体积份)	10 (体积份)	—	10 (体积份)	—
	乙二醇	—	—	10 (体积份)	—	—
	甘油	—	—	—	—	10 (体积份)
香精		3.5	5	8	7.5	7.5
去离子水		加至500 (体积份)	加至500 (体积份)	加至500 (体积份)	加至500 (体积份)	加至500 (体积份)

制备方法

(1) 蛋白酶水解液制备步骤:剖取鱼肠,进行清洗处理、匀浆处理、提取处理、离心处理,得到鱼肠蛋白水解酶液;所述匀浆处理中,向鱼肠中加入水,鱼肠和水的质量比为1:(2~4);所述匀浆处理的温度为0~4℃,时间为20~70s。在所述匀浆处理和所述提取处理之间,还进行离心处理,转速为8000~14000r/min,时间为20~50min,保留上清液。所述提取处理中,采用的提取溶液为正丁醇。所述提取处理中,待提取的样品和所述提取溶液的体积比为1:(2~5);温度为0~4℃,时间为2~5h。所述离心处理中,转速为8000~14000r/min,时间为20~50min,温度为0~4℃。

(2) 洗衣液配制步骤:将所述鱼肠蛋白水解酶液与表面活性剂、增稠剂、香精、水混合均匀,得到鱼肠蛋白酶洗衣液。

(3) 包装:将鱼肠蛋白酶洗衣液密封包装,即得成品。

原料介绍 所述鱼肠选自小黄鱼、大黄鱼、乌鱼、鱿鱼、鲐鱼、鳕鱼、鲤鱼、草鱼、黄鳝等其中的一种或几种。

产品应用　本品是一种基于鱼肠蛋白酶洗衣液。

产品特性　本产品具有高效、去污垢能力强等特点，且原材料充足，环保可再生，有效地利用了水产品废弃物，开创了鱼类蛋白酶应用到洗衣液中的方法，具有广阔的市场和前景。

配方50　基于脂肪醇聚氧乙烯醚的高效洗衣液

原料配比

原料	配比（质量份）	原料	配比（质量份）
脂肪醇聚氧乙烯醚	18	烷醇酰胺	10
柠檬香精	1	甘油	11
天竺葵精油	2	十二烷基苯磺酸钠	3
乙二醇单丁醚	7	去离子水	48

制备方法　将各组分原料混合均匀即可。

产品应用　本品主要用作洗衣液。

产品特性　本产品具有很强的去污除垢能力；本产品制备工艺简单，使用方便，适应性强，适用于硬水、冷水和各种衣料的机洗和手洗。

配方51　加酶洗衣液

原料配比

原料	配比（质量份）			
	1#	2#	3#	4#
脂肪醇聚氧乙烯醚	10	20	15	10
脂肪醇聚氧乙烯醚硫酸钠	5	8	6	8
α-烯基磺酸钠	1	6	3	1
仲烷基硫酸钠	1	5	3	5
椰子油脂肪酸二乙醇胺	5	10	8	5
蛋白酶	0.5	1	0.8	5
甲酸钠（酶稳定剂）	1	5	3	1
柠檬酸钠和三乙醇胺复配混合物	0.1	1	0.5	1
二苯乙烯基联苯类荧光增白剂	0.05	0.5	0.2	0.05
香精	0.05	0.5	0.2	0.5
防腐剂	—	—	0.1	0.05
去离子水	76.3	43	60.2	67.4

制备方法　将各组分原料混合均匀即可。

产品应用　本品是一种添加酶的洗衣液，可有效去除牛奶、鸡蛋、菜汁等顽固性污垢。

产品特性　本产品以非离子型表面活性剂为主，辅以阴离子表面活性剂，这些成分与蛋白酶有很好的相容性和配伍性，易于生物降解，去污力强。本产品中加入蛋白酶后，去污效果显著增强，可有效去除牛奶、鸡蛋、菜汁等顽固性污垢，而酶稳定剂的加入使得本产品具有很好的货架寿命和储存稳定性。长期使用本产品，可使被洗衣物色泽鲜艳如新。

配方52 酵素洗衣液

原料配比

原料	配比（质量份）	原料	配比（质量份）
AES	7～9	脂肪醇聚氧乙烯醚	3～5
寡糖	1.5～2	盐	3～4.7
壳聚糖	1～1.5	酒石酸	1.5～2.2
麦芽糖酶	5～6	谷氨酸	1.3～2.5
烷基糖苷	4～5	乙酸	1～2
酵素	2～3	丁酸钠	1.5～1.8
香精	0.2～0.3	去离子水	55～68

制备方法 将去离子水恒温在27～32℃，加入具有超强去污能力的生物表面活性剂 AES、烷基糖苷，并配以壳聚糖、寡糖、谷氨酸、麦芽糖酶、酵素复合形成多种生物酵素，高速搅拌6h后，恒温在29～32℃左右密封发酵42～50h，再加入脂肪醇聚氧乙烯醚、酒石酸、丁酸钠、乙酸高速搅拌2h，待完全搅拌均匀后再加入盐、香精继续搅拌1h，恒温在32℃左右容器内密封发酵52h，即为成品。

产品应用 本品是一种酵素洗衣液。

产品特性 本产品采用天然活性成分，生物降解，自动分解污渍，去除多种顽固污渍，速效洁白，还能除菌抗静电，不伤衣服，不伤皮肤，保持衣物光鲜亮丽。

配方53 节能去污洗衣液

原料配比

原料	配比（质量份）		原料	配比（质量份）	
	1#	2#		1#	2#
何首乌	9	17	氯甲基异噻唑啉酮	0.5	2
无患子	5	7	十二烷基硫酸钠	7	11
柏油	3	7	烷基苯磺酸	3	8
乙醇	4	8	氯化钠	1	4
阳离子烷基多糖苷	10	15	十二烷基苯磺酸钾	6	8
芳香剂	1	3	芦荟提取液	6	13
山梨醇	5	10			

制备方法 将各组分原料混合均匀即可。
产品应用 本品是一种节能去污洗衣液。
产品特性 本产品去污速度快，效果好，同时易分解，清洗时节约水源。

配方54 节水洗衣液

原料配比

原料	配比（质量份）		原料	配比（质量份）	
	1#	2#		1#	2#
甲醇	2	6	水解蛋白酶	2	5
碳酸钠	1	3	荧光增白剂	4	6
磺酸钠	5	8	苯磺酸	2	6
丁二酸	1	5	氢氧化钠	1	3
十二烷基二甲基氧化胺	6	9	去离子水	5	15
香精	2	6	磺酸	8	14
直链烷基苯磺酸钠	1	5	过硼酸钠	1	3
金橘提取液	2	6	陈醋	1	2

制备方法 将各组分原料混合均匀即可。
产品应用 本品是一种节水洗衣液。
产品特性 本产品除垢能力强，低泡沫，快速漂清，具有节约用水的功效。

配方55 结构型重垢洗衣液

原料配比

原料	配比（质量份）	原料	配比（质量份）
脂肪醇聚氧乙烯醚硫酸钠	10	复合硅酸钠	13
烷基苯磺酸钠	5	乙二胺四乙酸二钠盐	1
α-烯基磺酸钠	3	香精	0.3
椰子油烷基乙醇二酰胺	2	去离子水	加至100

制备方法 将各组分原料混合均匀即可。
产品应用 本品是一种结构型重垢洗衣液。
产品特性 利用α-烯基磺酸钠这种新型高效软性洗涤剂，它去污力好，泡沫在油脂存在下稳定，对皮肤和眼睛的刺激性小，同时采用复合硅酸钠作无机盐助剂，采用乙二胺四乙酸二钠作为辅助剂，用作硬水软化剂和金属离子螯合剂，把去污效果发挥到极限，这种洗衣液 pH 值为 6.5～7.5，稳定性好、流动性好，通过实际观察，去污效果非常好。

配方56　抗再沉积洗衣液

原料配比

原料	配比(质量份)						
	1#	2#	3#	4#	5#	6#	7#
$C_{11}\sim C_{13}$烷基苯磺酸盐	4	—	—	—	—	—	—
$C_{12}\sim C_{18}$烷基烷氧基(3)	16	20	19	19	20	19	19
$C_{12}\sim C_{14}$脂肪醇聚氧乙烯(7)醚硫酸盐	15	15	16	16	15	16	16
$C_{12}\sim C_{14}$烷基糖苷(APG)	—	—	—	—	5	4	4
柠檬酸钠	4	4	4	4	4	4	4
亲油改性聚合物(阿克苏诺贝尔公司的 Alcosperse 系列亲油改性产品)	—	1	2	3	1	2.5	3
羧酸聚合物(陶氏公司的 Acusol 系列产品)	—	—	—	—	1.5	1	2
$C_{12}\sim C_{18}$脂肪酸盐	4	4	4	4	4	4	4
有机硅抑泡剂(有机硅消泡剂为 DOW CORNING-2-3101)	2	2	2	2	2	2	2
蛋白酶	0.5	0.5	0.5	0.5	0.5	0.5	0.5
淀粉酶	0.07	0.07	0.07	0.07	0.07	0.07	0.07
纤维素酶	0.2	0.2	0.2	0.2	0.2	0.2	0.2
脂肪酶	0.05	—	—	—	—	—	—
甘露聚糖酶	0.01	0.01	0.01	0.01	0.01	0.01	0.01
丙二醇	5	5	5	5	5	5	5
硼酸钠	2	2	2	2	2	2	2
氯化钙	0.02	0.02	0.02	0.02	0.02	0.02	0.02
增白剂 CBS-X	0.1	—	—	—	—	—	—
增白剂 CBS	—	0.1	0.1	0.1	0.1	0.1	0.1
甲酸钠	3	3	4	4	3	4	4
香精	0.4	0.4	0.4	0.4	0.4	0.4	0.4
防腐剂(CMIT/MIT)	0.2	0.2	0.2	0.2	0.2	0.2	0.2
去离子水	加至100	加至100	加至100	加至100	加至100	加至100	加至100

制备方法

(1) 把配方中全部的阴离子表面活性剂与 0.5%～1.5% 的亲油改性聚合物混合，搅拌均匀；

(2) 把配方中全部的非离子表面活性剂与剩余的亲油改性聚合物、全部的羧酸聚合物混合，搅拌均匀；

(3) 在搅拌锅中加入水，加热至 40～60℃，加入步骤 (1) 和步骤 (2) 的混合物，搅拌均匀；

（4）往搅拌锅中加入酶稳定剂、脂肪酸盐和螯合剂，搅拌均匀；

（5）调节搅拌锅中反应体系的 pH 值为 7～9；

（6）再加入酶、有机硅、增白剂、防腐剂和香精，搅拌 5～15min，出料。

原料介绍　本产品的亲油改性聚合物可选择商业化的产品，如阿克苏诺贝尔公司的 Alcosperse 系列亲油改性产品。

适合本产品的羧酸聚合物可选用商业产品，如陶氏公司的 Acusol 系列产品。

所述非离子表面活性剂可以为：

（1）C_{12}～C_{14} 的脂肪醇聚氧乙烯醚，其乙氧基加成数可以是 9 或者 7，优选 7。可选择陶氏公司的 TERGITOLTM26-L 系列的非离子表面活性剂或者壳牌公司的 NEODOL 非离子表面活性剂。

（2）C_{12}～C_{14} 烷基糖苷非离子表面活性剂。可选用科宁公司的 Glucopon 系列的非离子表面活性剂。

（3）C_{12}～C_{18} 脂肪醇与环氧乙烷/环氧丙烷嵌段共聚物的缩合物，可选用陶氏公司 ECOSURFTM　EH 系列的非离子表面活性剂。

所述阴离子表面活性剂可以为：

（1）C_{11}～C_{18} 烷基苯磺酸盐（LAS）。

（2）C_{12}～C_{18} 烷基烷氧基硫酸盐（AES）。

所述酶可以为蛋白酶、淀粉酶、脂肪酶、纤维素酶、过氧化物酶、甘露聚糖酶；优选蛋白酶。

本产品所使用的酶可以选用市场上的商业产品，如诺维信公司的 SAVINASE⑩系列的蛋白酶、杰能科公司的 PROPERASEclD 系列的蛋白酶。

为了使本产品中的酶在配方中稳定，需要在配方中加入酶稳定剂。酶稳定剂可以是任何能够使酶稳定且跟配方体系配伍性好的物质，其可以是以下物质的一种以上混合物：

（1）钙离子或者镁离子；优选钙离子。钙离子对酶制剂的稳定性起重要的作用，其能够和蛋白酶的活性中心结合抑制其活性。

（2）硼酸盐或者硼酸的衍生物。

（3）C_1～C_4 的羧酸盐，优先选择甲酸盐。

（4）醇，如丙二醇、乙醇、山梨醇。优先选择丙二醇和乙醇。

为了使本产品的洗衣液的泡沫丰富程度控制在合适的范围内，需要在本产品中加入泡沫控制剂。泡沫控制剂可以选择 C_{12}～C_{18} 脂肪酸盐、有机硅。

产品应用　本品是一种对泥油污垢的去污力强、抗污垢再沉积能力强的洗衣液。

产品特性

（1）本产品采用亲油改性聚合物，用于提高洗衣液生产过程中表面活性剂的溶解速率，提高洗衣液的去污性能以及抗污垢再沉积性能。

（2）本产品组合物含有聚合物体系，能够缩短生产洗衣液的时候表面活性剂的溶解时间，提高洗衣液的生产效率。聚合物复配体系在去污过程中能够和表面活性剂体系协同作用，显著提高洗衣液对泥油污垢的去污力。当洗衣过程中有较多的泥油污垢被洗脱时，聚合物能够发挥抗再沉积的作用。

（3）本产品洗衣液的制备方法能够缩短生产时间约30％，实现了洗衣液的高效生产。

（4）本产品洗衣液对泥油污垢的去污力强、抗污垢再沉积能力强，其所含有的表面活性剂在水中的溶解速率大。

配方57　绿茶护理浓缩洗衣液

原料配比

原料	配比（质量份）		
	1#	2#	3#
茶皂素	15.0～30.0	18.0～28.0	15.0～21.0
菜籽油酸钾	10.0～20.0	12.0～18.0	13.0～17.0
月桂/肉豆蔻基葡萄糖苷	12.0～24.0	16.0～24.0	18.0～25.0
椰油酰胺丙基甜菜碱	10.0～20.0	10.0～18.0	13.0～18.0
碱性蛋白酶	0.1～1.0	0.25～1.0	0.35～0.8
淀粉酶	0.1～0.5	0.1～0.5	0.20～0.5
酒精（乙醇）	2.0～8.0	2.0～8.0	2.0～8.0
氯化钠	1.0～6.0	1.0～6.0	1.0～6.0
去离子水	加至100	加至100	加至100

制备方法

（1）计算配制绿茶护理浓缩洗衣液所需各成分用量，并准确称量；

（2）加去离子水加热至45℃，搅拌下依次缓慢加入茶皂素、菜籽油酸钾、月桂/肉豆蔻基葡萄糖苷、椰油酰胺丙基甜菜碱、酒精（乙醇），搅拌30min；

（3）冷却后加入碱性蛋白酶、淀粉酶、氯化钠，搅拌5min；

（4）加入去离子水，定量至所配质量；

（5）抽滤出锅，老化，检验合格后分装入库。

原料介绍　所述的茶皂素是从山茶科植物的种子中提取的一种糖式化合物，属于皂素类，是一种天然非离子型表面活性剂。

所述的菜籽油酸钾是从菜籽油中提炼出来的肥皂成分，无色透明至淡黄色黏稠液体，易溶于水，用作乳化剂，去污力强，并赋予织物柔软性和抗静电作用。

所述的月桂/肉豆蔻基葡萄糖苷是从砂糖及椰油中提炼出来的非离子型表面活性剂。

所述的椰油酰胺丙基甜菜碱是从椰油中提炼出来的两性离子表面活性剂，在酸性及碱性条件下均具有优良的稳定性，分别呈现阳离子性和阴离子性，常与阴离子、阳离子和非离子表面活性剂并用。

产品应用　本品主要用于任何温度下棉、麻、合成纤维等衣物的机洗和手洗。

产品特性

（1）提炼有机植物中活性成分，对人体皮肤无毒无害；

（2）纯植物配方，性质温和无刺激，能深入衣物纤维内部，将污垢迅速溶解；

（3）产品不含化工合成表面活性剂，不含人工合成香料或颜料，不含荧光剂、磷酸、磷酸盐等有害化学物质；

（4）2倍浓缩，用量更少，更容易漂洗；

（5）制作、使用方便，安全，无副作用。

配方58　绿色环保生物型洗衣液

原料配比

原料		配比（质量份）							
		1#	2#	3#	4#	5#	6#	7#	8#
烷基糖苷0810		5	4	4.4	5.7	4.8	5.6	4.2	5.1
烷基糖苷1214		5	4	5.1	5.6	5.7	4.3	4.9	5.2
脂肪醇聚氧乙烯醚		4	3	4.1	3.1	4.5	4.8	3.4	3.6
椰子油脂肪酸		1	0.8	0.9	0.8	1.1	0.85	1.1	1.2
十二烷基硫酸钠		6	5	6.1	5.1	6.4	5.7	5.5	5.4
椰油酰胺丙基甜菜碱		2	1.6	2.2	1.8	2.1	2.4	1.7	1.9
香精	薰衣草香	0.2	—	—	—	0.23	0.16	0.19	—
	自然清香	—	0.15	0.17	0.21	—	—	—	0.22
增稠剂	氯化钠	3.5	3	3.6	3.7	3.9	3.1	3.3	3.4
防腐剂	凯松	0.15	0.1	0.17	0.11	0.12	0.18	0.14	0.16
增效增溶剂	尿素	1.5	1		1.2	—	1.6	1.3	1.7
	二甲苯磺酸钠	—	—	1.1	—	1.8	—	—	—
去离子水		72.5	78	72	73	69	71	74	70

制备方法　将去离子水加入反应釜中，开动搅拌器，转速为100～200r/min，搅拌过程中依次按配方量加入烷基糖苷0810、烷基糖苷1214、脂肪醇聚氧乙烯醚、椰子油脂肪酸、十二烷基硫酸钠、椰油酰胺丙基甜菜碱，搅拌至溶解均匀；继续按配方量加入香精、增稠剂、防腐剂和增效增溶剂，搅拌至溶解均匀。

产品应用　本品主要用于婴儿衣物、羽绒服、羊毛衫等衣物的洗涤。

产品特性 本产品采用天然绿色环保型表面活性剂，不含磷及苯、酚等对人体有害的有机物，安全绿色环保，不会造成环境污染，泡沫丰富细腻且易漂洗，去污能力强，使用后提高衣物的柔软度、蓬松性及抗静电性能，还具有杀菌消毒、降低刺激的特点。

配方59 棉花制品柔顺洗衣液

原料配比

原料	配比（质量份）		
	1#	2#	3#
脂肪醇聚氧乙烯(7)醚	120	140	160
40%的羧酸盐型咪唑啉两性表面活性剂	90	70	50
30%的马来酸-丙烯酸酐高分子聚合物 MP-Ⅱ助洗剂	40	30	60
乙二胺四乙酸二钠盐	2	2	2
羧甲基纤维素钠	12	12	12
氯化钠	6	5	4
凯松 CG	1.2	1.2	1.2
去离子水	729	740	711

制备方法

(1) 按配方取去离子水加入反应釜，常压下搅拌并加热至 80℃停止加热；

(2) 搅拌状态下依次按配方加入脂肪醇聚氧乙烯（7）醚、羧酸盐型咪唑啉两性表面活性剂，搅拌 15min 后停止搅拌；

(3) 自然降温至 40℃±3℃时开搅拌，按配方加入 MP-Ⅱ助洗剂、乙二胺四乙酸二钠、羧甲基纤维素钠和氯化钠，20min 后取样，检查稠度和检测 pH 值，使 pH 值为 7.5～9，最后加凯松 CG，停搅拌，静置 1.5h 后即得本产品棉花制品柔顺洗衣液。

产品应用 本品是一种对棉被褥、棉袄等棉花制品不需拆洗而能直接进行洗涤的棉花制品柔顺洗衣液。使洗后的棉花胎和棉织物不发硬、不变黄，能保持柔软蓬松、爽滑且抗静电。

产品特性

(1) 本产品棉花制品柔顺洗衣液的配制原则是根据棉被褥、棉袄等棉花制品的特点，按照液体洗涤剂的配方原则进行设计的，配方确定过程中充分考虑到各组分的配伍性和协同去污作用，以使其能达到最大功效去除综合性污垢。

(2) 使用本产品洗涤棉被褥、棉袄等棉花制品后，棉花胎和棉织物不发硬、不变黄，能保持柔软蓬松、爽滑且抗静电，用本产品对棉被褥、棉袄等棉花制品洗涤时，不需拆洗，可以直接进行洗涤。

配方60　棉麻衣物用浓缩洗衣液

原料配比

原料	配比（质量份）		
	1#	2#	3#
十二烷基苯磺酸镁	2.5	6	4.2
烷基苯磺酸钠	15	25	20
脂肪醇聚醚硫酸钠	5	15	10
有机硅氧烷	1.2	3	2.1
月桂醇聚氧乙烯醚	3	9	6
乙醇	10	18	14
三乙醇胺	4	8	6
月桂醇聚醚硫酸酯钠	88	104	96
吡唑啉型荧光增白剂	0.3	0.5	0.4
香精	0.05	0.13	0.09
去离子水	50	70	60

制备方法　先将去离子水加入搅拌器中，然后加入十二烷基苯磺酸镁、烷基苯磺酸钠、脂肪醇聚醚硫酸钠、月桂醇聚氧乙烯醚和月桂醇聚醚硫酸酯钠，搅拌混合均匀；再依次加入有机硅氧烷、乙醇、三乙醇胺和吡唑啉型荧光增白剂，每加入一种原料都需要搅拌均匀后再加入下一种原料；最后加入香精，混合均匀后静置，过滤得到滤液，即为成品。

产品应用　本品是一种棉麻衣物用浓缩洗衣液。

产品特性　本品去污力强、对皮肤温和，不损伤衣物、易生物降解和稳定性好，经过洗涤后的衣物颜色光亮鲜艳。

配方61　内衣用洗衣液

原料配比

原料	配比（质量份）		
	1#	2#	3#
大丁草	2	4	3
川层草	2	4	3
脂肪醇聚氧乙烯醚硫酸盐（AES）	9	12	10
十二烷基苯磺酸钠（LAS）	3	2	2
脂肪醇聚氧乙烯醚（AEO）	2	3	3
羧甲基纤维素钠	1	0.5	1
乙醇	7	8	8
氯化钠	2	2	3

续表

原料	配比(质量份)		
	1#	2#	3#
偏硅酸钠	10	10	9
次氯酸钠	1	1	1.5
椰子油醇二乙醇酰胺	2	2	1
聚硅氧烷消泡剂	0.1	0.1	0.3
香精	0.1	0.1	0.1
去离子水	适量	适量	适量

制备方法 取大丁草、川层草，加水煎煮两次，第一次加水为药材质量的8～12倍量，煎煮1～2h，第二次加水为药材质量的6～10倍量，煎煮1～2h合并煎液，浓缩至大丁草、川层草总质量的10倍量，加入脂肪醇聚氧乙烯醚硫酸盐（AES）、十二烷基苯磺酸钠（LAS）、脂肪醇聚氧乙烯醚（AEO）、羧甲基纤维素钠、乙醇、氯化钠、偏硅酸钠、次氯酸钠、椰子油醇二乙醇酰胺、聚硅氧烷消泡剂、香精，70～80℃左右溶解，即得。

产品应用 本品是一种内衣用洗衣液。

产品特性 本产品中大丁草和川层草清热解毒，两者配伍，起泡和抗菌效果良好。

配方62 内衣专用强力洗衣液

原料配比

原料	配比(质量份)			
	1#	2#	3#	4#
椰子油脂肪酸二乙醇酰胺	4	5	6	7
金银花提取液	5	6	6	7
绿茶提取液	5	6	6	7
甘油	5	6	8	10
蛋白酶	0.5	0.8	1.2	1.5
酶稳定剂	0.5	1.5	2.5	3.5
氯化钠	0.5	0.8	1.2	1.5
去离子水	加至100	加至100	加至100	加至100

制备方法

(1) 向配料锅中加入去离子水，边搅拌边加热至65℃，加入椰子油脂肪酸二乙醇酰胺，待溶解分散均匀后，继续搅拌30min。

(2) 将金银花提取液和绿茶提取液溶解于甘油中，在40～50℃的温度下，搅拌均匀至完全溶解，备用。

(3) 将步骤(1)的配料锅温度降至室温，加入步骤(2)制备的金银花提取液、绿茶提取液和甘油的混合溶液，搅拌 15min。

（4）用乙酸调节溶液 pH，然后边搅拌边加入蛋白酶和酶稳定剂，再加入氯化钠调节溶液的黏度，搅拌 25～35min，过滤，即得内衣专用洗衣液。调节溶液 pH 值至 6～8。所述过滤是采用 200 目的滤网过滤。

原料介绍 所述金银花提取液或绿茶提取液均为金银花或绿茶加 5～10 倍量水浸泡 20～30min 后，蒸汽加热到 95～100℃，蒸煮 20～30min，冷却过滤得到的水提取液。

所述酶稳定剂为甲酸钠、乙酸、乙二酸或丙二醇。

产品应用 本品是一种内衣专用洗衣液。

产品特性 本产品含有多种天然去污的有效成分，其中椰子油脂肪酸二乙醇酰胺具有显著的润湿性、软化性和去污性；金银花提取液和绿茶提取液均有很强的抗菌作用，其中绿茶提取液还可以起到除臭、维持衣物清香的效果；鉴于内衣污渍的特点，蛋白酶在合适的条件下更可以高效去污。因此，本产品具有去污力强、抗菌、环保等特点，且制备工艺简单、安全，适宜投入工业化生产。

配方63 内衣杀菌洗衣液

原料配比

原料	配比（质量份）	原料	配比（质量份）
十二烷基苯磺酸钠	20	20%聚六亚甲基双胍	0.5
椰子油脂肪酸二乙醇酰胺	8	45%十二烷基二甲基苄基氯化铵	0.6
烷基酚聚氧乙烯醚(OP-10)	2	食盐	1
十二烷基二甲基甜菜碱(BS-12)	2	香精	0.1
羧甲基纤维素	0.2	去离子水	65.5
乙二胺四乙酸二钠盐	0.1		

制备方法

（1）将 50%～60%的 65～75℃去离子水加入化料釜中，然后分别加入上述原料中的十二烷基苯磺酸钠、椰子油脂肪酸二乙醇酰胺、烷基酚聚氧乙烯醚(OP-10)、十二烷基二甲基甜菜碱 (BS-12)、羧甲基纤维素搅拌均匀。

（2）温度降到 45～50℃时，加入上述原料中的聚六亚甲基双胍、十二烷基二甲基苄基氯化铵及部分剩余的去离子水搅拌均匀。

（3）冷却至 35～40℃时加入乙二胺四乙酸二钠、食盐，并调节原液 pH 值至 6～8，加入香精。

（4）搅拌均匀后，过滤，静置备用即得成品。过滤是采用 200 目尼龙筛网过滤。

产品应用 本品是一种内衣杀菌洗衣液。

产品特性 本产品采用双胍类、双季铵类成分复合，通过特殊渗透促进剂作用，使之能有效作用于病菌，提高杀菌力，并能稳定地储存；用量省；性价比高。

配方64 专用内衣洗衣液

原料配比

原料	配比（质量份）		
	1#	2#	3#
十二烷基二甲基甜菜碱	7	11	9
直链烷基苯磺酸钠	3	6	4
三聚磷酸钠	4	7	5
碳酸镁	8	12	10
过硼酸钠	2	6	4
椰子油酰二乙醇胺	4	6	5
甘菊花提取物	3	7	5
烷基苯磺酸钠	14	17	16
淀粉酶	2	6	4
二甲苯硫酸钠	12	16	13
硅酸钠	5	7	6
荧光增白剂	3	6	4
羧甲基纤维素	5	6	6

制备方法 将各组分原料混合均匀即可。

产品应用 本品是一种专用内衣洗衣液。

产品特性 本产品可令衣物蓬松、柔软、光滑亮泽，并且具有除菌和持久留香的功效。

配方65 高浓缩洗衣液

原料配比

原料	配比（质量份）			
	1#	2#	3#	4#
脂肪醇聚氧乙烯醚硫酸钠	27	32	28	30
改性增稠型脂肪醇聚氧乙烯醚	9	10	11	9.5
棕榈酸甲酯聚氧乙烯醚	12	9	10	11
椰子油脂肪酸二乙醇酰胺	6	5	5.5	5
月桂酰胺丙基氧化胺	6	7	8	7.5
氯化钠	6	5	5.5	5.5
香精	0.4	0.5	0.6	0.5
防腐剂	0.12	0.12	0.12	0.12
去离子水	加至100	加至100	加至100	加至100

制备方法 将各组分原料混合均匀即可。

产品应用 本品是一种高浓缩洗衣液。

产品特性 本产品中表面活性剂的浓度为普通洗衣液的两倍以上，其中改性增稠型脂肪醇聚氧乙烯醚、月桂酰胺丙基氧化胺和椰子油脂肪酸二乙醇酰胺复配的表面活性剂，配合增稠剂氯化钠实现了用两倍水稀释后，洗衣液的黏度比稀释前黏度更高，可以让消费者在直观上感受到产品的浓缩性，在使用时能够减少用量。而本产品的浓缩洗衣液浓度高且黏稠，可以采用塑料袋包装。在使用时只要剪开包装袋，倒入洗衣液空瓶中，再加入两倍的自来水，振荡摇匀，就可以当作普通洗衣液使用。稀释后的洗衣液仍然保持较强的去污力和较高的黏度，完全满足消费者的需求。

配方66 浓缩双效洗衣液

原料配比

原料		配比(质量份)					
		1#	2#	3#	4#	5#	6#
非离子表面活性剂	脂肪醇聚醚(9)	5	10	30	20	10	8
	C_9～C_{11}乙氧基醇	10	7	8	5	6	10
	椰子基烷基胺乙氧基化物	5	5	10	8	8	6
阴离子表面活性剂	脂肪酸甲酯磺酸钠	15	5	15	10	10	10
	月桂醇聚醚硫酸酯钠	5	10	15	5	5	5
	仲烷基磺酸钠	10	8	7	8	10	10
	异丙苯磺酸钠	5	5	2	5	5	5
阳离子表面活性剂	乙(乙氧酰基)羟乙基甲基米吐硫酸铵	1	2	5	1	1	1
洗涤助剂	硼砂	6	5	10	10	10	5
	羧甲基菊粉钠盐	5	2	3	1	1	3
	柠檬酸	5	5	3	1	1	1
	脂肪酶	2	2	—	2	3	3
	蛋白酶	5	2	—	5	5	5
	防腐剂	2	—	—	1	1	—
	香料	2	1	—	2	2	—
去离子水		加至100	加至100	加至100	加至100	加至100	加至100

制备方法 将去离子水加热至 $50～80℃$，加入非离子表面活性剂、阴离子表面活性剂、阳离子表面活性剂，搅拌至溶解；降温至 $15～40℃$，加入洗涤助剂，搅拌至均匀，出料。

产品应用 本品是一种浓缩洗衣液。

产品特性

（1）本产品为采用以非离子表面活性剂为主体系，配以天然来源的阴离子表面活性剂脂肪酸甲酯磺酸钠为辅表面活性剂的浓缩型洗衣液，其优点是产品用量少，去污效果好，泡沫低，易漂洗，洗涤过程更节水。另外本产品复配的辅助成分阳离子表面活性剂还具有保护织物和调理衣物的功能，使得本产品能轻松去除衣物污渍，同时具有抗静电和使衣物穿着更舒适、柔软的效果。

（2）本产品的创造性在于能使阴离子表面活性剂和阳离子表面活性剂稳定地共存于同一配方体系中（以非离子表面活性剂为主的浓缩配方体系），兼顾了洗衣液洗涤去污和织物护理保养的双重功效，使衣物到达了洗、护合一的目的。

配方67 浓缩型洗衣液

原料配比

原料	配比（质量份）		原料	配比（质量份）	
	1#	2#		1#	2#
十二烷基聚氧乙烯醚	6	14	丁香油	3	8
C$_9$～C$_{11}$链烷醇聚（3）醚	6	8	次氯酸钠	6	8
十二烷基苯磺酸钠	3	6	四水合八硼酸钠	3	8
聚乙烯醇	2	6	硫酸钠	2	7
蛋白酶	1	4	增稠剂	1	4
PPG-9-乙基己醇聚（5）醚	9	16	过碳酸钠	5	7
十八醇	3	5	AEO-9	1	4
甘油	1	5	去离子水	加至100	加至100
山梨酸	5	10			

制备方法 将各组分原料混合均匀即可。

产品应用 本品是一种浓缩型洗衣液。

产品特性 本产品用量少，能够有效去污，同时具有很好的芳香气味。

配方68 女士内裤专用洗衣液

原料配比

原料	配比（质量份）		
	1#	2#	3#
8%的AOS水溶液	25	22	20
聚氧乙烯月桂醇（9）醚	12	15	10
10%的次氯酸钠溶液	6	5	7.5
聚乙二醇	6	8	3
聚苯乙烯乳胶	1.2	1	2
香精	0.6	0.8	0.3

续表

原料		配比(质量份)		
		1#	2#	3#
柠檬酸		0.1	0.12	0.1
氯化钠		0.06	0.02	0.08
颜料		0.04	0.06	0.02
杀菌剂		5	6	5
去离子水		44	42	52
杀菌剂	苦参	16	15	15
	白头翁	15	15	10
	鸦胆子	18	15	20
	辛夷	40	45	35
	透骨草	11	10	20

制备方法

(1) 将 3/5 质量的去离子水加入电加热真空搅拌器中，常压加热到 60～65℃，保温搅拌；

(2) 边搅拌边加入 38％的 AOS 水溶液、聚氧乙烯月桂醇(9)醚，搅拌器转速为 15～20r/min，搅拌时间为 10～15min；

(3) 再加入 1/5 质量的去离子水，边搅拌边加入 10％的次氯酸钠溶液、聚乙二醇、聚苯乙烯乳胶，搅拌器转速为 30～40r/min，搅拌时间为 20～30min；

(4) 再加入 1/5 质量的去离子水，边搅拌边加入杀菌剂搅拌器转速为 20～25r/min，搅拌时间为 5～10min；

(5) 温度降到 35～40℃，加压搅拌，真空度 16～22kPa，搅拌器转速为 30～40r/min，搅拌时间为 10～20min；

(6) 常温常压下加入香精、柠檬酸、氯化钠、颜料，搅拌器转速为 30～40r/min，搅拌时间为 30～40min 即可。

原料介绍　　所述的杀菌剂是将按照比例的苦参、白头翁、鸦胆子、辛夷、透骨草采用超临界二氧化碳萃取后，浓度为 2～3g/mL 的提取液，其成分的质量份配比为：苦参 15～18，白头翁 10～18，鸦胆子 15～20，辛夷 35～45，透骨草 10～20。

所述的杀菌剂的制备方法，包括以下步骤：

(1) 将苦参、白头翁、鸦胆子、辛夷、透骨草按照比例置于萃取罐中，萃取温度为 50～55℃，压力为 28～30MPa。

(2) 当二氧化碳气体变为液态白色雾状时，加入浓度为 1％～2％的苯，萃取 40～50min 后，过滤并收集萃取后的混合物，进行吸附后即可。

产品应用　　本品是一种女士内裤专用洗衣液。

产品特性　　本产品配方温和、去污力强，泡沫丰富，易漂洗，中药杀菌效果好，无副作用，不刺激皮肤，内裤不褪色，无污染。

配方69　强碱性电解水洗衣液

原料配比

原料	配比（质量份）							
	1#	2#	3#	4#	5#	6#	7#	8#
椰油酰胺丙基甜菜碱	5	5	12	10	5	15	9	15
月桂酸聚氧乙烯醚	3	3	3	5	5	7	8	6
月桂酸聚氧乙烯醚硫酸钠	5	5	5	5	10	5	10	9.9
柠檬酸钠	1	1	4	4	4	4.9	4.9	1
十二烷基硫酸钠	4.9	3	4.9	4.9	4.9	5	5	5
氯化钠	1	2.9	1	1	1	3	3	3
荧光增白剂	0.1	0.1	0.1	0.1	0.1	0.1	0.1	0.1
小分子电解水	80	80	70	70	70	60	60	60

制备方法

(1) 称取小分子电解水放入搅拌器，开动搅拌器；

(2) 加入十二烷基硫酸钠，搅拌均匀；

(3) 加入柠檬酸钠，搅拌均匀；

(4) 加入椰油酰胺丙基甜菜碱，搅拌均匀；

(5) 加入月桂酸聚氧乙烯醚硫酸钠，搅拌均匀；

(6) 加入月桂酸聚氧乙烯醚，搅拌均匀；

(7) 加入氯化钠，搅拌均匀；

(8) 加入荧光增白剂，搅拌均匀。

产品应用　本品是一种可同时杀菌去污的抗菌洗衣液。

产品特性　本产品采用小分子强碱性电解水和渗透剂、乳化剂、非离子表面活性剂复配，将杀菌和清洁功能融为一体，洗衣杀菌同时完成。同时利用绝大部分细菌无法在强碱性电解水中生存和繁殖的特性，达到常温正常环境中抗菌的目的，使衣物能长期保存而不霉变。

配方70　强力去污护肤洗衣液

原料配比

原料	配比（质量份）		
	1#	2#	3#
脂肪醇聚氧乙烯醚硫酸钠	51.5	52	52.5
磺酸	16	15	14
氢氧化钠	2.8	3	3.2
脂肪醇聚氧乙烯醚	11	10	9
咪唑啉	9	10	11

续表

原料	配比(质量份)		
	1#	2#	3#
乙二胺四乙酸二钠盐	2.2	2	1.8
卡松	0.9	1	1.1
香精	1.1	1	0.9
色素	0.4	0.5	0.6
柠檬酸	0.6	0.5	0.4
氯化钠	4.5	5	5.5
去离子水	100	100	100

制备方法

(1) 原料准备：将脂肪醇聚氧乙烯醚放入 38～42℃ 的热水中进行充分溶解，将氢氧化钠用水溶解。

(2) 剪切：在处理水中按配比加入原料中的脂肪醇聚氧乙烯醚硫酸钠、磺酸、咪唑啉、乙二胺四乙酸二钠、卡松、香精、色素、氯化钠，进行剪切处理，剪切过程中，加入氢氧化钠溶液，将混合液的 pH 值调节到 7～8，将原料由块状剪切成细小颗粒状。

(3) 乳化：将处理水和原料乳化处理，加入柠檬酸，调节混合液的 pH 值至5.8～6.2，使其充分溶解。

(4) 搅拌：将处理水和原料充分搅拌 15～20min，灌装。

产品应用　本品是一种强力去污的洗衣液。

产品特性　本产品可强力去除矿物油渍，使用效果好，温和，不伤手，安全无毒，原料来源丰富，成本低，制备工艺简单，不污染环境。

配方71　强力去污洗衣液

原料配比

原料	配比(质量份)		
	1#	2#	3#
月桂醇胺 MEA	12	8	10
羟乙基尿素	10	5	7
氯化钠	1.5	0.5	0.9
羟甲基纤维素钠 400	2.6	1.2	1.7
乙氧基月桂酯	1.8	0.2	1.4
十二烷基苯磺酸钠	2.5	2.5	4.7
聚乙烯吡咯烷酮	8	3	5
乙二酸双硬脂酸	0.5	0.5	0.8
月桂酸	1.8	0.2	1.2

续表

原料	配比(质量份)		
	1#	2#	3#
柠檬酸	2	2	6
去离子水	50	35	45

制备方法　将各组分原料混合均匀即可。

产品应用　本品是一种洗衣液。

产品特性　该洗衣液性能温和，使用过程中刺激性小。pH 适中，不会对皮肤产生刺激性。且洗衣液对油渍、难去除的污渍具有良好的去除效果。洗后衣物干净明亮且有清香的味道。

配方72　强力环保去污洗衣液

原料配比

原料	配比(质量份)		原料	配比(质量份)	
	1#	2#		1#	2#
脂肪醇聚氧乙烯醚硫酸钠	13	15	竹叶提取物	5	3
脂肪酸甲酯乙氧基化物	8	6	羧甲基纤维素(CMC)	3	4
烷基多苷	6	8	香精	0.5	0.5
甜菜碱	2	3	去离子水	62.5	60.5

制备方法　将各组分原料混合均匀即可。

产品应用　本品是一种洗衣液。

产品特性　本产品具有优良的去污能力、优异的抗菌性能和绿色环保的特点。并且本产品中加入了竹叶提取物，进一步提高了洗衣液的抗菌杀菌能力。

配方73　强力去污护色洗衣液

原料配比

表1　QPZ 助剂

原料	配比(质量份)		
	1#	2#	3#
脂肪酸	60	60	70
依地酸	10	8	5
三乙醇胺	16	12	5
蛋白酶	10	2	8
柠檬酸	4	10	12

表 2　洗衣液

原料	配比(质量份)	原料	配比(质量份)
QPZ 助剂	4	氯化钠	1
液碱	0.3	增白剂	0.1
浓度为 96% 的磺酸	2	三乙醇胺	0.3
浓度为 70% 的 AES	10	柠檬酸	0.2
AEO-9	4	液体酶	1
AEO-7	4	去离子水	73.1

制备方法　将各组分原料混合均匀即可。

原料介绍　所述 QPZ 助剂的合成方法：将脂肪酸、依地酸、三乙醇胺、蛋白酶、柠檬酸进行混合搅拌 1h，老化 1h，然后在 35~45℃ 的温度和 80kPa 的压力下浓缩而成高分子改性缩合物。

产品应用　本品是一种洗衣液，使用该洗衣液，抹到衣物较脏处，免搓洗，浸泡衣摆即净。

产品特性　本产品既含阴离子、非离子、各种助剂，又含 QPZ 助剂，既高效乳化、分散，又对顽固污渍有较强的去污力。护色不伤手、不损伤衣物、不残留、省时、省力、省水、省电、省使用量，既环保又节能。制造成本低，在温度较低时质量稳定，不分层。

配方74　清香型防缩水洗衣液

原料配比

原料	配比(质量份)		原料	配比(质量份)	
	1#	2#		1#	2#
脂肪酸皂	2	8	表面活性剂	1	4
偏硅酸钠	2	4	满天星提取物	5	8
脂肪醇聚氧乙烯醚硫酸钠	7	9	高碘酸钾	7	9
α-烯烃磺酸钠	3	8	碘代丙炔基丁基氨基甲酸酯	3	7
柠檬粉	3	6	乳酸	2	8
天竺葵精油	7	10	羧甲基纤维素钠	6	12
苦参提取物	3	8	二甲基双十六烷基氯化铵	7	9

制备方法　将各组分原料混合均匀即可。

产品应用　本品是一种清香型防缩水洗衣液。

产品特性　本产品具有很好的芳香气息，同时防缩水效果好，并且具有一定的杀菌防霉作用。

配方75 去污无痕迹洗衣液

原料配比

原料	配比（质量份）			原料	配比（质量份）		
	1#	2#	3#		1#	2#	3#
烷基苯磺酸钠	15	18	17	羧甲基纤维素	7	4	3
硅酸钠	3	3	4	双酯基季铵盐	10	10	11
碳酸钠	1	2	1	去离子水	加至100	加至100	加至100

制备方法 将各组分原料混合均匀即可。

产品应用 本品主要是一种既可强力去污又可使衣服保持柔顺的去污无痕迹洗衣液。

产品特性 本产品去污效果强、温和不伤手、易漂洗、易溶解、可消毒杀菌，洗后衣物柔顺且不褪色。

配方76 去污洗衣液

原料配比

原料	配比（质量份）		原料	配比（质量份）	
	1#	2#		1#	2#
皂角	8	16	硼砂	3	5
玫瑰花瓣	5	9	甲基异噻唑啉酮	6	8
羊油	2	4	尿素	1	3
硫酸钠	5	9	三聚磷酸钠	2	5
次氮基三乙酸钠盐	8	14	牛油基伯胺	2	6
α-烯烃磺酸钠	3	9	蛋白酶	1	4
烷醇酰胺	4	10	去离子水	加至100	加至100
草本提取液	5	7			

制备方法 将各组分原料混合均匀即可。

产品应用 本品是一种去污洗衣液。

产品特性 本产品去污效果好，对于污渍清洗干净，不留痕迹；同时易降解，不易产生污染。

配方77 去油污洗衣液

原料配比

原料	配比（质量份）	原料	配比（质量份）
水	115	苯甲酸钠	0.2
十二烷基硫酸钠	4	精盐	0.4
烷醇酰胺	7	柠檬香精	0.3
脂肪醇聚氧乙烯醚硫酸盐醇醚硫酸	0.5		

制备方法 将115份水置于容器中；将4份十二烷基硫酸钠投入水中，慢慢搅拌，使其完全溶解；再将7份烷醇酰胺投入水中，搅拌均匀；然后，向水中慢慢地加入0.4份精盐，边加边搅拌，直至产品黏稠为止；加入苯甲酸钠0.2份，搅拌均匀；再加香精0.3份和脂肪醇聚氧乙烯醚硫酸盐醇醚硫酸0.5份，搅拌均匀制得去油污洗衣液成品。

产品应用 本品是一种去油污洗衣液。

产品特性 制得的洗衣液能够有效地去除衣物上的油污，且不损伤衣物，具有柠檬芳香，满足消费者的需求，同时降低消费者的损失。

配方78 全效洗衣液

原料配比

原料		配比（质量份）		
		1#	2#	3#
62% α-烯基磺酸钠溶液		22	18	24
脂肪醇聚氧乙烯醚		10	12	8
月桂烯肌氨酸钠		5	3	6
氨基硅油		3	5	2
聚乙二醇		5	3	8
聚甲基丙烯酸酯		4	5	2
香精		0.3	0.1	0.4
柠檬酸		0.4	0.5	0.2
氯化钠		0.2	0.2	0.3
颜料		0.1	0.2	0.1
除菌剂		6	3	9
淘米水		44	50	40
除菌剂	金银花	15	12	18
	青蒿	13	16	10
	蒲公英	22	20	25
	紫苏叶	35	40	30
	黄芩	15	12	17

制备方法

(1) 将淘米水沸腾煮10～20min，用10～20目筛网滤筛后晾凉；

(2) 将淘米水加入电加热真空搅拌器中，常压加热到75～80℃；

(3) 边搅拌边加入除菌剂，保温，搅拌器转速为10～20r/min，搅拌时间为15～20min；

(4) 边搅拌边加入62% α-烯基磺酸钠溶液、脂肪醇聚氧乙烯醚、聚乙二醇，保温，搅拌器转速为30～40r/min，搅拌时间为20～30min；

(5) 加入月桂烯肌氨酸钠、聚甲基丙烯酸酯，温度降到 32～35℃，加压搅拌，真空度为 31～34kPa，搅拌器转速为 60～80r/min，搅拌时间为 40～50min；

(6) 常压加入氨基硅油、香精、柠檬酸、氯化钠、颜料，温度控制在（20±3)℃，搅拌器转速为 30～40r/min，搅拌时间为 30～40min，搅拌均匀即可。

原料介绍　所述除菌剂是将按照比例的青蒿、黄芩、紫苏叶、金银花、蒲公英采用超临界二氧化碳萃取后，取得浓度为 2～4g/mL 的提取液。制备方法包括以下步骤：

(1) 将青蒿、黄芩、紫苏叶、金银花、蒲公英按照比例置于萃取罐中，萃取温度为 55～60℃，压力为 16～20MPa。

(2) 当二氧化碳气体变为液态白色雾状时，加入浓度为 3‰～5‰的四氯化碳，萃取 30～40min 后，过滤并收集萃取后的混合物，进行吸附后即可。

产品应用　本品是一种全效洗衣液。

产品特性　本产品配方温和、去污力强，泡沫丰富，易漂洗，中药杀菌效果好，无副作用，衣料洗后柔顺不褪色，不易板结、泛黄，不刺激皮肤，生物降解性能好，对环境无污染。

配方79　柔软洗衣液

原料配比

原料	配比（质量份）	原料	配比（质量份）
水	70	10％氢氧化钠水溶液	3
脂肪醇聚氧乙烯醚	12～14	增稠剂 RH-960	3
烷基多糖苷	3～5	漂白剂	1
棕榈油柔软剂	5	香精	1

制备方法

(1) 在一小型容器中将棕榈油柔软剂和 10％氢氧化钠水溶液混合并搅拌均匀。

(2) 将水送入搅拌容器，开动搅拌器，转速为 50r/min，将脂肪醇聚氧乙烯醚、烷基多糖苷加入搅拌容器，搅拌 20min。

(3) 将转速调为 40r/min，依次加入棕榈油柔软剂和 10％氢氧化钠水溶液的混合物、增稠剂 RH-960，两种原料加入时间间隔为 5min，添加完毕后搅拌 20min。

(4) 将转速调为 30r/min，依次加入漂白剂、香精，两种原料加入时间间隔为 4min，添加完毕后搅拌 10min 得到成品。

产品应用　本品主要用于洗涤接触皮肤的贴身衣物，既适宜于手洗又适宜于洗衣机使用。

产品特性　该产品 pH 中性、温和不伤手、不伤衣物纤维、无残留、溶解彻底、易过水漂洗、配伍性好、洗护多效合一、衣物柔软留香，尤其适合洗涤接触皮肤的贴身衣物，既适宜于手洗又适宜于洗衣机使用。

配方80　少泡沫洗衣液

原料配比

原料	配比（质量份）				原料	配比（质量份）			
	1#	2#	3#	4#		1#	2#	3#	4#
脂肪醇聚氧乙烯醚	15	20	24	15	乙二胺四乙酸二钠	1.5	0.5	1	1.5
烷基醇聚氧乙烯醚	6.5	9.5	4	4	乙醇	1	1.8	3	1
碳酸钠	9.8	5	7.8	10	蛋白酶	0.8	1.5	0.5	0.5
硅酸钠	3.5	6	9.5	10	香精	0.1	0.01	0.05	0.1
氯化钠	2	3	1	3	去离子水	60	70	80	80

制备方法　先将水加热至50℃左右，然后加入其他组分，混合均匀即可。

产品应用　本品是一种去污能力好、又能减少泡沫产生的洗衣液。

产品特性　本产品配方简单，易于制备，其气味清新，既有极强的去污能力，又能减少洗涤时的泡沫量，同时还具有抗菌去污，不伤手，令衣物鲜亮、干净的优点。清洗时泡沫明显少于普通洗衣液，手部无刺激感，清洗后，衣物干净明亮，无污迹，略带清香味。

配方81　深层洁净洗衣液

原料配比

原料	配比（质量份）		原料	配比（质量份）	
	1#	2#		1#	2#
十二烷基苯磺酸钠	8	14	三聚磷酸钠	2	4
脂肪醇聚氧乙烯醚硫酸钠	3	6	蛋白酶	1	3
柠檬酸钠	4	9	羟基亚乙基二膦酸	5	9
乙氧基月桂酰胺	3	7	薄荷醇	4	7
酶稳定剂	2	6	柠檬酸	2	6
脂双季铵硫酸酯	5	9	甘油	1	4
柠檬烯	1	3	硬脂酸甘油酯	6	10
椰子油衍生精华	7	10	去离子水	加至100	加至100
羧甲基纤维素	3	5			

制备方法　将各组分原料混合均匀即可。

产品应用　本品是一种深层洁净洗衣液。

产品特性　本产品洗衣液能够深入纤维内部，彻底清除污渍，同时又不会对衣物造成影响。

配方82　生态洗衣液

原料配比

原料	配比（质量份）		
	1#	2#	3#
苯丙氨酸基的聚乙二醇甲醚-聚丙交酯嵌段共聚物	27	22	30
椰子油酰二乙醇胺	5	8	3
对羟基苯甲酸甲酯	0.1	0.3	0.1
对羟基苯甲酸丙酯	0.1	0.2	0.05
油性香料	0.5	0.3	0.6
维生素E	0.15	0.05	0.1
维生素C	0.1	0.05	0.15
去离子水	加至100	加至100	加至100

制备方法

（1）将椰子油酰二乙醇胺在快速搅拌下，缓慢加入装有30份水的容器中。

（2）按配方要求的用量将对羟基苯甲酸甲酯、对羟基苯甲酸丙酯及水混合加入容器中，搅拌均匀。

（3）按配方要求的用量将苯丙氨酸基的聚乙二醇甲醚-聚丙交酯嵌段共聚物加入体系中，搅拌均匀，必要时可加热搅拌。

（4）在30～45℃以下，按配方要求的用量加入油性香料、维生素E、维生素C，并补足余量水。

原料介绍　所述的聚乙二醇甲醚-聚丙交酯嵌段共聚物的平均分子量为1800～18000。

产品应用　本品是一种去污力强、对环境友好的生态洗衣液。

产品特性　本产品提供的洗衣液泡沫低，去污力强；有较好的环境相容性，无生物毒性，且可生物降解，对环境友好。

配方83　生物环保多功能特效洗衣液

原料配比

原料	配比（质量份）			
	1#	2#	3#	4#
APG（烷基糖苷）	36	40	30	50
椰子油6501	20	11	15	10
碱性蛋白酶	6.8	8	5	10
无患子皂乳	9	11	5	15
苦参碱	1.6	1.5	1	5
天然皂粉	8	6	5	10

续表

原料	配比（质量份）			
	1#	2#	3#	4#
杀虫菊精油	0.69	0.8	0.5	1
水溶性羊毛脂	0.8	1.5	0.5	1
椰子油酰胺丙基氧化胺	5	8	10	10
乳化硅油柔顺剂	4.8	2.8	2	5
乙二胺四乙酸二钠盐	0.15	0.18	0.1	0.5
海藻酸钠	0.86	0.8	0.5	1
杰马（防腐剂）	0.18	0.15	0.1	0.5
荷花精油（香精）	0.66	0.8	0.5	1
柠檬酸	适量	适量	适量	适量
去离子水	加至100	加至100	加至100	加至100

制备方法

(1) 按配方量，取碱性蛋白酶加入75～85℃热水中，搅拌分解后，再加入APG（烷基糖苷）、椰子油6501、苦参碱、乙二胺四乙酸二钠、天然皂粉，搅拌反应20～30min；

(2) 继续加入无患子皂乳、椰子油酰胺丙基氧化胺、助剂，搅拌均匀，降温至35～45℃；

(3) 继续加入防腐剂、香精，加入适量的水，调节洗衣液黏度至6000～10000mPa·s，加柠檬酸调节pH值至6～7，35～45℃搅拌反应均匀，静置，灌装即得成品。

原料介绍 所述助剂由杀虫菊精油、水溶性羊毛脂、乳化硅油柔顺剂、海藻酸钠组成。

产品应用 本品主要用于麻织品、羊毛、混纺、化纤、纯棉等各种物料的洗涤。

产品特性 本产品综合洗涤性能优秀，能同时去除多种顽固污渍，如油垢、血渍、汗渍、奶渍、锈渍、墨渍等，使用后衣物不褪色、颜色鲜艳、柔软，且能有效抗静电、防霉、防菌、防虫、留香。

配方84 生物酶洗衣液

原料配比

原料		配比（质量份）							
		1#	2#	3#	4#	5#	6#	7#	8#
微生物蛋白酶	丝氨酸蛋白酶	0.5	3	5	10	8	13	2	0.5
杀菌剂	对氯间二甲苯酚	10	1	1	3	8	10	10	10

原料		配比（质量份）							
		1#	2#	3#	4#	5#	6#	7#	8#
表面活性剂	烷基酚聚氧乙烯醚	20	—	—	—	—	—	—	20
	脂肪酸烷醇酰胺	—	20	—	—	—	—	—	—
	十二烷基硫酸钠	—	—	57	—	—	—	—	—
	十二烷基硫酸钠、烷基酚聚氧乙烯醚和蔗糖脂肪酸酯的混合物	—	—	—	30	—	—	—	—
	α-烯基磺酸钠	—	—	—	—	70	—	—	—
	脂肪醇聚氧乙烯(7)醚	—	—	—	—	—	5	—	—
	脂肪醇聚氧乙烯(9)醚	—	—	—	—	—	—	—	—
	脂肪醇聚氧乙烯(9)醚与脂肪醇聚氧乙烯(7)醚的质量比为1:4	—	—	—	—	—	—	50	—
	脂肪醇聚氧乙烯(9)醚与脂肪醇聚氧乙烯(7)醚的质量比为1:3	—	—	—	—	—	—	—	—
杀菌防腐剂	卡松	6	10	5	10	2	20	10	6
增稠剂	氯化钠	适量	适量	适量	适量	适量	适量	适量	适量
螯合剂	四乙酸二氨基乙烯	8	10	6	16	5	—	—	8
	羟基亚乙基二膦酸	—	—	—	—	—	15	13	—
香精		—	—	—	—	—	—	—	3
色素		—	—	—	—	—	—	—	2
去离子水		加至100	加至100	加至100	加至100	加至100	加至100	加至100	加至100

制备方法　将去离子水加热至70~80℃，在搅拌条件下，加入所述杀菌剂，溶解均匀，再加入表面活性剂，搅拌均匀，降温至30~40℃，再加入助剂和微生物蛋白酶，搅拌均匀，即得到所述生物酶洗衣液。

原料介绍　所述微生物蛋白酶为丝氨酸蛋白酶。

所述微生物蛋白酶是由芽孢杆菌微生物经过深层发酵而生产的。

所述助剂包含杀菌防腐剂、增稠剂和螯合剂、香精及色素。

产品应用　本品是一种能够去除蛋白质基污斑及减少衣物细菌的生物酶洗衣液。

产品特性

(1) 本产品添加了微生物蛋白酶活性成分，该微生物蛋白酶能够促进黏附在纺织物表面的青草、血、黏液、粪便以及各种食品的蛋白质基污斑的水解，水解生成的肽容易溶解或分散于生物酶洗衣液中，从而将其去除。

(2) 本产品具有良好的去除蛋白质基污斑的效果，还能除掉大多数细菌。

配方85　适于机洗的浓缩洗衣液

原料配比

原料	配比(质量份)				
	1#	2#	3#	4#	5#
十二烷基苯磺酸	8.0	9.5	11.0	12.5	14.0
乙氧基(7)脂肪酸甲酯磺酸钠(C_{18})(70%)	6.0	7.0	8.0	9.0	10.0
脂肪醇聚氧乙烯(7~9)醚	9.0	10.0	10.0	11.0	12.0
α-烯基磺酸钠	2.0	4.0	6.0	8.0	10.0
月桂酸	3.0	3.0	3.0	3.0	3.0
辛癸基糖苷	1.0	1.0	1.5	2.0	2.0
乙醇	3.0	3.0	3.0	3.0	3.0
丙二醇	5.0	5.0	5.0	5.0	5.0
柠檬酸钠	5.0	4.0	3.0	3.0	2.0
抗再沉积剂 Acusol845	1.0	1.0	2.0	3.0	3.0
有机硅消泡剂	0.1	0.125	0.15	0.175	0.20
Savinase LCC	0.3	0.5	0.7	0.9	1.0
防腐剂	适量	适量	适量	适量	适量
香精	适量	适量	适量	适量	适量
色素	适量	适量	适量	适量	适量
去离子水	加至100	加至100	加至100	加至100	加至100

制备方法

(1) 将去离子水总量的60%~80%加热至40~50℃，并置于化料釜中，加入十二烷基苯磺酸、月桂酸搅拌至完全溶解，调节pH值至7~8，得到混合溶液A；

(2) 在混合溶液A中，依次加入α-烯基磺酸钠、乙氧基(7)脂肪酸甲酯磺酸钠(C_{18})、脂肪醇聚氧乙烯(7~9)醚、辛癸基糖苷、乙醇、丙二醇溶解，得到混合溶液B；

(3) 在混合溶液B中加入柠檬酸钠、抗再沉积剂、有机硅消泡剂、Savinase LCC、香精、防腐剂、色素及剩余去离子水，静置1.5~2.0h，即可得到所述的浓缩洗衣液。

原料介绍　所述辛癸基糖苷为新一代绿色表面活性剂烷基糖苷中的短链糖苷，可为巴斯夫的 Plantacare2000UP、Plantacare810UP、上海发凯公司的 APG0810。

所述抗再沉积助剂 Acusol845 为适于浓缩洗衣液添加的疏水改性的丙烯酸聚合物。

所述的防腐剂、香精、色素采用本行业常用的原料。

所述有机硅消泡剂可以为迈图的 Y-14865、道康宁 2-3168、道康宁 Antifoam1520US、上海立奇化工 LQ-102 中的任意一种。

所述生物酶制剂可以为诺维信液体微胶囊碱性蛋白酶 Savinase LCC、低温碱性蛋白酶 Maxperm 系列、低温脂肪酶 LIPEX 系列、杰能科迅洁碱性蛋白酶。

产品应用　本品主要用于机洗棉、麻、合成纤维等织物的高度浓缩洗衣液。

产品特性　本产品有效活性物含量高，最高达 60%，符合液体洗涤剂的外观、气味、稳定性要求，具有高度浓缩、便于储运的优点；本产品所用表面活性剂生物降解度大于 90%，洗涤助剂均为无磷助剂，且没有添加荧光增白剂。因此，本产品的液体洗涤剂组合物还具有高度浓缩，无磷、生物降解性好等环保洗涤剂的优势。

配方86　手洗护肤洗衣液

原料配比

原料		配比（质量份）		
		1#	2#	3#
椰子油脂肪酸单乙醇胺		40	40	30
甘草酸萃取液		5	5	4
八角枫叶		3	3	2
生物酶		4	4	4
酶稳定剂	硼酸	8	—	3
	硼酸钠	—	8	—
防腐剂	脱氢乙酸钠	1.5	—	1
	苯甲酸钠	—	1.5	—
甘油		3	3	2
椰子油		1.5	1.5	0.5
乳化硅油		0.45	0.45	0.3
除螨剂	1,1-二（对氯苯基）-2,2,2-三氯乙醇	4	—	4
	嘧螨胺	—	4	—
山梨酸		0.3	0.3	0.3
去离子水		30	30	20

制备方法　将各组分原料混合均匀即可。

产品应用　本品是一种既能除螨杀菌，又能保护皮肤的手洗护肤洗衣液。使用方法如下：

（1）在常温下，将洗衣液与水按 1∶（5000～10000）加入水中，搅拌均匀形成均匀的混合液；使用 30～35℃ 的温水。

（2）将衣物用清水润湿，将润湿后的衣物放入步骤（1）形成的混合液中，浸泡 5～20min。

(3) 用手轻轻揉洗衣物，待洗干净后捞出。

(4) 用清水冲洗干净洗衣液。

产品特性　使用本产品能够有效去除衣物中的螨虫，能够使清洗更加方便快捷，清洗衣物时能够保护皮肤不受刺激伤害；在寒冷的冬天，轻轻揉搓衣物就能够快速将衣物清洁干净，避免手冻伤。

配方87　素净柔和洗衣液

原料配比

原料	配比（质量份）		
	1#	2#	3#
茶皂素	5.0～12.0	7.0～12.0	5.0～10.0
烷基多糖苷	4.0～10.0	4.0～8.0	6.0～10.0
葡萄糖酸钠	2.0～5.0	3.0～5.0	2.0～4.0
海洋生物活化酶	0.1～1.0	0.1～0.8	0.1～1.0
柠檬酸	适量	适量	适量
薰衣草精油	0.05～0.1	0.05～0.1	0.05～0.1
去离子水	加至 100	加至 100	加至 100

制备方法

(1) 将茶皂素按比例加入水中搅拌至均匀溶解，加热溶液至50℃，在不断搅拌下缓缓加入葡萄糖酸钠，待均匀溶解；

(2) 将烷基多糖苷按比例添加于水中并搅拌至均匀溶解；

(3) 将溶液（1）与溶液（2）混合，并搅拌均匀至液体清澈透明；

(4) 将溶液温度降至30℃以下，缓慢加入海洋生物活化酶；

(5) 加入薰衣草精油，用柠檬酸调节体系pH值至7，去离子水加至100，搅拌均匀；

(6) 冷却，检测合格后，灌装。

产品应用　本品主要用于日常生活各种贴身衣物及丝质、棉麻类织物的清洗，是普通家庭及洗衣房皆可使用的绿色环保健康洗衣液，适合滚筒洗衣机使用。

产品特性

(1) 天然成分配方，无毒、无污染、无腐蚀性、无刺激，安全可靠；

(2) 生物降解好，洗涤废水不污染环境，无公害；

(3) 具有去污、杀菌、抑菌、易漂洗等功效，健康、环保、节水、省时；

(4) 具有处理一次即可以有效抑制织物发灰、发黄，使织物柔软洁白、穿着舒适的效果；

(5) 防锈、抗静电效果好；

(6) 化学性质稳定，室温放置一年，使用效果无改变。

配方88　速溶低泡洗衣液

原料配比

原料	配比(质量份)		原料	配比(质量份)	
	1#	2#		1#	2#
碳酸钠	12	15	二苯乙烯联苯二磺酸钠	1	2
水杨酸	1	4	烷基磺酸钠盐	2	6
香精	2	3	乙醇	1	4
脂肪酸单甘酯	2	4	甲苯基二甲酸	1	4
碱性蛋白酶	2	5	碳酸氢钠	1	3
十二烷基二甲基甜菜碱	1	5	硅酸盐	2	4
去离子水	10	15	柠檬香精	1	3
脂肪醇聚氧乙烯醚	3	6			

制备方法　将各组分原料混合均匀即可。

产品应用　本品是一种速溶低泡洗衣液。

产品特性　本产品溶解性好，泡沫少，易漂洗，不伤衣物，还可以使衣物清香贴肤。

配方89　天然去油洗衣液

原料配比

原料	配比(质量份)	原料	配比(质量份)
芦荟	2	蛋壳粉	3
黑豆	4	盐	0.2
生姜	0.6	水	60

制备方法　首先，去除原料中的杂质，然后将芦荟、生姜和黑豆进行漂洗、干燥、粉碎，再将蛋壳粉和盐加入水中，搅拌均匀，杀菌消毒即可。

产品应用　本品是一种天然去油洗衣液。

产品特性　洗涤剂的成分都是天然的，对人体没有危害，而且清洗时无泡沫，对环境没有污染，不伤手，制作工艺简单。

配方90　天然小苏打洗衣液

原料配比

原料	配比(质量份)				
	1#	2#	3#	4#	5#
天然椰子油	55	50	60	55	55
食用级小苏打	35	30	40	35	35

续表

原料		配比(质量份)				
		1#	2#	3#	4#	5#
天然植物精油		10	5	15	10	10
去离子水		10	5	15	10	10
稳定剂	山梨酸钾和碳酸钠质量比为3:1	4	—	—	—	—
	山梨酸钾和碳酸钠质量比为2:1	—	3	—	4	—
	山梨酸钾和碳酸钠质量比为4:1	—	—	5	—	4

制备方法

(1) 用去离子水溶解小苏打、山梨酸钾和碳酸钠，得混合组分A；

(2) 将天然椰子油和天然植物精油混合搅拌均匀，得混合组分B；

(3) 将混合组分A、混合组分B混合均匀，包装即得。

产品应用　本品是一种性质稳定的小苏打洗衣液。

产品特性　本产品性质稳定，不易胀气，小苏打不易分解，可以实现清洁、消臭一次完成。

配方91　添加纳米银的强力杀菌和持久抗菌洗衣液

原料配比

原料	配比(质量份)	原料	配比(质量份)
油酸	5	载纳米银沸石抗菌剂	0.05
棕榈酸	2	壳聚糖-纳米银溶液	0.01
脂肪醇聚氧乙烯(3)醚硫酸钠	10	氯化钠	2
脂肪醇聚氧乙烯(9)醚	8	卡松	0.2
无患子提取液	4	香料	0.15
氢氧化钾	1.2	去离子水	加至100

制备方法

(1) 按上述配比称取原料。

(2) 向反应釜中加入去离子水，升温到50~70℃，然后开始搅拌，并依次加入氢氧化钾、油酸和棕榈酸；所述搅拌速度为100~200r/min，搅拌时间为20min。

(3) 步骤(2)完成后，向反应釜中依次加入脂肪醇聚氧乙烯(3)醚硫酸钠、脂肪醇聚氧乙烯(9)醚和无患子提取液，搅拌30min后，调节反应釜内反应液的pH=7~8；所述的搅拌速度为100~200r/min；所述的调节反应釜内反应液pH所用试剂为柠檬酸。

(4) 步骤(3)完成后，将反应釜降温至35℃，加入壳聚糖-纳米银溶液并搅拌10min，然后加入载纳米银沸石抗菌剂再搅拌10min；所述搅拌速度为

$100\sim200r/min$。

（5）步骤（4）完成后，依次向反应釜中加入氯化钠、卡松和香料，搅拌 20min，所得产物即为添加纳米银的强力杀菌和持久抗菌洗衣液；所述搅拌速度 为 $100\sim200r/min$。

原料介绍　所述壳聚糖-纳米银溶液按如下方法制备：以 0.2mol/L 乙酸溶 液作为溶剂，配制质量分数为 0.5％的壳聚糖溶液，然后取质量分数为 0.5％的 壳聚糖溶液 50mL，并向其中加入 0.3mL 的 0.05mol/L 硝酸银溶液，在搅拌速 度为 800r/min 下搅拌 15min，然后滴加 0.1mL 的 0.2mol/L 硼氢化钠溶液，此 时溶液呈淡黄色，最后在搅拌速度为 800r/min 下搅拌 1h，即得壳聚糖-纳米银 溶液。

所述载纳米银沸石抗菌剂按如下方法制备：将沸石放置于 400℃的热处理炉 中煅烧 2h，以去除沸石孔道中残留的有机物和水分，得到活化沸石，取 10g 活 化沸石分散到 100mL 去离子水中得到沸石分散液，用质量分数为 69％稀硝酸溶 液调节沸石分散液至 pH＝4～6，然后在 50℃水浴条件下向沸石分散液中加入 5mL 的 0.03mol/L 硝酸银溶液，进行离子交换，反应结束后，进行过滤和分离 得到滤饼，用去离子水洗涤滤饼，以去除滤饼中的 NO_3，洗涤完成后，将滤饼 在 105℃干燥 12h，最后将干燥后的滤饼研磨至 325 目以下，即得到载纳米银沸 石抗菌剂。

产品应用　本品是一种添加纳米银的强力杀菌和持久抗菌洗衣液。

产品特性

（1）本产品通过载纳米银沸石抗菌剂和壳聚糖-纳米银溶液复配使用，从而 达到强效杀菌、持久抑菌的双重效果。

（2）本产品对大肠杆菌、金黄色葡萄球菌和白色念珠菌的平均杀菌率均为 100％；吸附了纳米银的织物对大肠杆菌、金黄色葡萄球菌和白色念珠菌的抗菌 率分别为 99.73％、99.86％和 99.79％。

（3）本产品原料中壳聚糖属于天然可降解的高分子，银低浓度无毒，所以壳 聚糖-纳米银溶液具有天然、安全和环保无刺激的优势；并且洗衣液中不含荧光 增白剂，可有效地避免在清洗内衣等贴身衣物过程中直接附着在上面刺激皮肤。

配方92　羽绒制品高效去油护绒洗衣液

原料配比

原料	配比（质量份）			
	1#	2#	3#	4#
乙氧基化烷基硫酸钠（AES）	10	20	15	14
脂肪醇聚氧乙烯醚（AEO-7）	10	7	9	7
乙醇	10	10	5	5
月桂酰单乙醇胺	3	5	4	4

续表

原料		配比(质量份)			
		1#	2#	3#	4#
氯化钠		0.5	2	1	4
防腐剂	卡松	0.05	—	—	0.1
	尼泊金酯	—	0.2	—	—
	卡松+尼泊金酯(2∶1)	—	—	0.1	—
柠檬酸	柠檬酸	0.01	0.05	0.03	—
	柠檬酸(50%)	—	—	—	0.03
香精	薰衣草香精	—	0.5	—	0.2
	百合香精	—	—	0.4	—
色素	亮蓝色素	—	0.05	—	—
	绿色素	—	—	0.03	0.02
去离子水		加至100	加至100	加至100	加至100

制备方法

(1) 在混合釜中，投入一定量的去离子水（通常投入总水量 1/4 的水），加入稀释好的乙氧基化烷基硫酸钠（AES）搅拌至溶液分散均匀，约 20～30min。

(2) 依次慢慢加入其他表面活性剂：脂肪醇聚氧乙烯醚（AEO-7）、月桂酰单乙醇胺，搅拌至均匀，约 20min。

(3) 加入乙醇、防腐剂（卡松、尼泊金酯等）、香精（自选）和色素（自选），每加一种料都要有 3～5min 的时间间隔。

(4) 再加入氯化钠来调节黏度，加入其余水，最后用 50% 的柠檬酸水溶液调节 pH 值为 7，即得到洗衣液。

产品应用　本品是一种涂层面料或高密面料羽绒制品的高效去油护绒洗衣液。

使用方法是：

(1) 先将洗衣液放入水中，搅拌均匀后将衣物浸泡。

(2) 浸泡 10～15min 左右效果最佳，然后重点污垢部位适当刷洗或揉搓即可清洗。

(3) 漂洗 2～3 次至干净，挤压除去多余水分，切勿拧干或洗衣机高速旋转脱水。

(4) 涂层制品衣物切勿暴晒，应在通风处平铺或挂起晾干，也可在全自动干衣机上烘干，晾干后，轻轻拍打，使羽绒恢复蓬松柔软。

对于沾染上重污垢的衣服可事先进行洗前局部预处理，即在衣服干燥状态下，涂抹适量本产品洗衣液于局部油污处，可选用软毛刷轻轻刷 1～3min 后，再按常规洗涤方式进行水洗；若冬天洗水温度较低可适当提高温度，但不要超过 40℃，洗衣液用量可参照 1kg 织物用 10～20g 洗衣液的用量进行水洗。

产品特性　本产品在水洗、高效润湿、乳化、分散油污以及防止油斑再迁移等方面具有明显优势，同时通过该水洗护理程序可使洗涤后的羽绒制品兼具除味、加香、抑菌、护绒的功能；同时可以实现涂层面料或高密面料羽绒制品后期养护简单方便、环保安全、成本低廉，长期保持涂层不发硬、油污易去除、羽绒蓬松、柔软、不板结、不易霉变。

配方93　温和安全的洗衣液

原料配比

原料		配比（质量份）			
		1#	2#	3#	4#
柔顺剂	SLM21200EN	0.1	0.5	0.25	0.5
阴离子表面活性剂	烷基苯磺酸钠	6	—	—	6
	脂肪酸钾皂	—	31	—	—
	脂肪醇聚氧乙烯醚硫酸钠	—	—	15	—
非离子表面活性剂	烷基糖苷	12	—	23	—
	脂肪醇聚氧乙烯醚	—	43	—	43
增稠剂	黄原胶	—	—	0.5	—
	卡拉胶	—	—	—	0.06
	羧甲基纤维素钠	0.06	—	—	—
	海藻酸钠	—	1	—	—
螯合剂	乙二胺四乙酸二钠	0.1	0.2	0.15	0.2
去离子水		40	60	50	40

制备方法

（1）取去离子水总量的 30%～40% 加入到搅拌釜中，加热至 70～80℃，边搅拌边先后加入阴离子表面活性剂、非离子表面活性剂，溶解后搅拌 0.5～1h 使之混合均匀，得到表面活性剂原液；

（2）取去离子水总量的 30%～40% 加入到搅拌釜中，加热至 50～60℃，边搅拌边加入增稠剂，持续搅拌至溶液均匀透明，得到增稠剂原液；

（3）将表面活性剂原液和增稠剂原液混合，补足余量的去离子水，加入螯合剂和柔顺剂，全部溶解后，再调节 pH 值至 6.0～8.0，即为温和安全的洗衣液。

产品应用　本品是一种温和安全、更适合手洗的洗衣液。适用于婴儿衣物、尿布、床单及成人内衣的洗涤。

产品特性

（1）本产品采用天然绿色环保型表面活性剂，无磷，无荧光增白剂，泡沫丰富细腻，去污能力强，易于漂洗，且该产品 pH 呈中性，温和无刺激，不伤手。

（2）蕴含天然柔顺成分，柔软抗静电，使衣物蓬松舒适，回复天然弹性。

配方94　温和安全无刺激洗衣液

原料配比

原料		配比(质量份)				
		1#	2#	3#	4#	5#
脂肪醇聚氧乙烯醚	C_{12}～C_{14}脂肪醇聚氧乙烯(9)醚	5	—	—	—	—
	C_{16}～C_{18}脂肪醇聚氧乙烯(13)醚	—	4	—	—	—
	C_{12}～C_{14}脂肪醇聚氧乙烯(15)醚	—	—	2	—	—
	C_{16}～C_{18}脂肪醇聚氧乙烯(20)醚	—	—	—	1.5	4.5
糖苷	C_{12}～C_{14}脂肪醇聚氧乙烯(3)醚糖苷	5	—	—	—	9
	C_{12}～C_{14}脂肪醇聚氧乙烯(2)醚糖苷	—	7	—	—	—
	C_{12}～C_{14}脂肪醇聚氧乙烯(1)醚糖苷	—	—	9	—	—
	C_{12}～C_{14}烷基糖苷	—	—	—	12	—
醇醚羧酸盐烷基	醇醚羧酸盐 C_{12}～C_{14}-$(EO)_9$-COONa	5	—	—	—	—
	醇醚羧酸盐 C_{12}～C_{14}-$(EO)_{10}$-COONa	—	4.5	—	—	—
	醇醚羧酸盐 C_{16}～C_{18}-$(EO)_{15}$-COONa	—	—	4	—	1.5
	C_{16}～C_{18}-$(EO)_{20}$-COONa	—	—	—	2.5	—
增稠剂	羧甲基纤维素钠	0.5	—	0.25	—	—
	海藻酸钠	—	0.25	0.25	—	—
	黄原胶	—	—	—	0.5	0.5
香精		0.1	0.2	0.4	0.4	0.4
色素		0.001	0.001	0.002	0.002	0.002
防腐剂	异噻唑啉酮(CMIT/MIT)	0.2	—	0.2	0.2	0.2
	二苯乙烯联苯二磺酸钠(CBS)	—	0.1	—	0.1	0.1
去离子水		加至100	加至100	加至100	加至100	加至100

制备方法

(1) 表面活性剂原液配制：将配方所需去离子水总质量30%～40%的去离子水加入到化料釜中，加热到70～80℃，按上述配比加入脂肪醇聚氧乙烯醚、糖苷和醇醚羧酸盐，边加入，边搅拌，溶解后搅拌0.5～1h使之均匀。

(2) 增稠剂原液配制：将配方所需去离子水总质量30%～40%的去离子水加入化料釜中，加热到50～60℃，按上述配比加入羧甲基纤维素衍生物或天然产物增稠剂，边加入，边搅拌，持续搅拌至溶液均匀透明。

(3) 把表面活性剂原液与增稠剂原液混合搅拌，并根据产品需要选择性加入其他助剂，加入碱如NaOH、KOH或加入酸如柠檬酸或其他无机酸、有机酸调节pH值在6～8范围内，补足余量去离子水，搅拌0.5～1h，至均匀透明，出料，即得到本产品所述的洗衣液。

原料介绍　所述产品中的其他助剂是以下助剂中的一种或几种：增白剂如

CBS 等；防腐剂如 CMIT/MIT 等；色素；香精。

产品应用 本品是一种温和、安全、生物亲和性好、对皮肤刺激微弱、无有害物质残留，对丝绸、皮毛等高档衣料无损伤，更适合手洗的洗衣液。

产品特性 本产品属于中性配方，不仅避免了洗涤过程中对衣物物料的化学损伤，而且对人体皮肤温和，无刺激，更适合手洗，给皮肤敏感人群使用具有特别优势。

配方95 温和不刺激洗衣液

原料配比

原料	配比（质量份）		原料		配比（质量份）	
	1#	2#			1#	2#
脂肪醇醚硫酸钠	6	9	增稠剂		1	0.5
月桂基硫酸钠	7	5	杀菌剂		0.5	1
椰油酰二乙醇胺	8	10	去离子水		61.5	53.5
十二烷基二甲基甜菜碱	9	10	护肤提取物	橄榄油	2	4
山梨糖醇脂肪酸酯	5	8		黄瓜提取液	0.5	1
护肤提取物	2	3		金橘提取液	1	2

制备方法 将各组分原料混合均匀即可。

原料介绍 所述护肤提取物可以为橄榄油、黄瓜提取液、金橘提取液的混合物。

所述护肤提取物的制备方法如下：

（1）将黄瓜洗净后经过压榨机榨取汁液，再将黄瓜汁液过滤后得纯汁液，将纯汁液在 100~110℃ 温度下加热 0.5~1h 后冷却得到黄瓜提取液；

（2）采用相同的方法制得金橘提取液；

（3）将黄瓜提取液、金橘提取液均匀混合，最后加入一定量的橄榄油并均匀搅拌，在 80~100℃ 温度下加热 5~10min 后冷却，即得。

所述橄榄油、黄瓜汁、金橘的质量比可以为 2:0.5:1。

所述杀菌剂为仙鹤草提取物。

所述增稠剂为氯化钠。

产品应用 本品是一种对皮肤温和、不刺激，同时可杀菌去污的洗衣液。

产品特性

（1）本产品的洗衣液中添加了含有橄榄油、黄瓜提取液和金橘提取液的护肤提取物，天然成分，温和、有效地保护衣物在洗涤过程中不受损伤。

（2）采用中草药仙鹤草提取物作为洗衣液的杀菌剂，具有良好的杀菌和抗菌作用，安全、环保。

配方96　温和环保洗衣液

原料配比

原料	配比（质量份）		
	1#	2#	3#
脂肪醇聚氧乙烯醚硫酸钠	2.5	2	3
非离子表面活性剂6501	7.5	5	10
磺酸	5	3	7
氢氧化钠	5	3	7
丙三醇	1	2	0.5
羧甲基纤维素	2	3	1
增白剂	1.5	2	1
柔顺剂	1	1	0.5
氯化钠	2	3	1
香精	1.5	2	1
卡松	2	1	3
抗菌剂 C$_{12}$季铵盐阳离子表面活性剂	4	3	5
去离子水	65	70	60

制备方法　将各组分原料混合均匀即可。

产品应用　本品是一种不伤害肌肤，环保型洗衣液。

产品特性　本产品自然环保，能有效清洁污垢，温和不伤手，杀菌抑菌、清新宜人，衣服残留液也少，在彻底清洗衣物的同时，能柔顺衣物。

配方97　无患子洗衣液

原料配比

原料	配比（质量份）	原料	配比（质量份）
无患子提取液	60	柠檬酸	0.04
APG0810烷基糖苷	10	薰衣草精油	0.06
椰子油	8	去离子水	21.9

制备方法　将各组分原料混合均匀即可。

原料介绍　所述无患子提取液的加工工艺为：取无患子果皮洗净后粉碎至30～40目，加2倍水，在75℃温度下搅拌、挤压煮40min，用三层滤网过滤取无患子提取液，自然冷却至常温。

产品应用　本品是一种天然无刺激、洗衣效果好、除菌抑菌效果好的无患子洗衣液。

产品特性　本产品pH为中性，刺激性低，具有天然环保植物去污活性和抗菌活性，对人体和环境无害，具有去污能力强、抑菌灭菌，温和不伤皮肤、泡沫细腻易漂洗的功效和特点。

配方98　无磷去污力强的洗衣液

原料配比

原料		配比（质量份）		
		1#	2#	3#
皂粉		6	4	5
表面活性剂		35	15	30
烷基糖苷		4	1	3
增稠剂		2	1	1
柠檬酸钠		1	0.5	1
无水氯化钙		0.05	0.01	0.05
荧光增白剂		0.5	0.02	0.5
抗皱剂		1.5	0.6	1
酯基季铵盐		3	2	3
酶制剂		1.5	1	1.5
竹叶黄酮		0.03	0.005～0.03	0.005～0.03
去离子水		加至100	加至100	加至100
皂粉	对甲苯	10	5	10
	碳酸钠	10	5	10
	五水偏硅酸钠	10	6	10
	钙皂分散剂	30	20	30
	沸石	20	10	15
	过碳酸钠	15	10	15
	过硼酸钠	20	10	15
	柠檬酸	10	5	8
	过氧化氢	20	10	16
	乳化剂	15	10	15
	香精	1	0.01	1
	光漂剂	1	0.01	1
	有氧蛋白酶	10	8	7

制备方法　将各组分原料混合均匀即可。

原料介绍　所述表面活性剂选自脂肪酸聚氧乙烯酯、椰子油脂肪酸二乙醇胺、脂肪醇聚氧乙烯醚硫酸钠和十二烷基甜菜碱中的至少一种。

所述酯基季铵盐为1-甲基-1-油酰胺乙基-2-油酸基咪唑啉硫酸甲酯铵。

所述抗皱剂为丁烷四羧酸、柠檬酸、马来酸、聚马来酸和聚合多元羧酸中的至少一种。

产品应用　本品是一种无磷去污力强的洗衣液。

产品特性 本品为中性，去污力强，对人体无害，并且不会造成环境的污染。

配方99　无磷洗衣液

原料配比

原料	配比（质量份）		
	1#	2#	3#
脂肪酸皂	8	12	10
羟乙基尿素	5	10	8
氢氧化钠	0.5	1.5	0.9
脂肪酸甲酯磺酸钠	1.2	2.6	1.9
月桂基两性羧酸盐咪唑啉	1.8	1.8	1.2
EDTA-2Na	0.5	2.5	1.3
聚乙烯吡咯烷酮	8	8	6
椰子油脂肪酸	0.5	1.2	0.8
丙二醇	0.2	1.8	1.2
香精	6	12	8
柠檬酸	2	8	6
增白剂	0.5	1.2	0.9
去离子水	35	50	45

制备方法 将各组分原料混合均匀即可。

产品应用 本品是一种无磷洗衣液。

产品特性 该洗衣液性能温和，使用过程中刺激性小，泡沫丰富，去污能力强，没有添加任何含磷成分，价格便宜，使用方便。

配方100　无磷环保洗衣液

原料配比

原料	配比（质量份）	原料	配比（质量份）
十二烷基苯磺酸钠（LAS）	15	柠檬酸钠	1
脂肪醇聚氧乙烯醚硫酸钠（AES）	12	油酸钠	0.5
脂肪醇聚氧乙烯醚（AEO-9）	10	香料	0.3
三乙醇酰胺	3	去离子水	加至100
乙醇	1		

制备方法 将LAS、AES、AEO-9混合，加入柠檬酸钠和去离子水，放入恒温水浴锅（温度为40℃），开动均质机，待混合均匀后加入乙醇、三乙醇酰胺、香料、油酸钠，继续搅拌30～40min，停止。

产品应用 本品是一种无磷洗衣液。

产品特性　本产品优化了无磷液体洗涤剂配方，使其去污效果好，成本低。本产品制备的洗衣液去污力强且不含磷，减少了对环境的污染。本产品在 1% 的用量时，其去污指数 P 可达到 1.4。

配方101　无酶稳定剂的高浓缩含酶洗衣液

原料配比

原料	配比（质量份）						
	1#	2#	3#	4#	5#	6#	7#
月桂醇聚氧乙烯醚硫酸钠	21	25	21	25	25	21	21
支链醇醚糖苷	20	5	27	25	10	20	20
醇醚羧酸盐	15	18	13	13	18	18	18
蛋白酶	0.01	0.02	0.05	0.1	0.1	0.1	0.1
香精	0.1	0.1	0.02	—	—	0.248	0.2
色素	0.001	—	—	0.1	—	0.002	0.002
CMIT/MIT，防腐剂	—	—	0.2	—	0.2	0.25	0.2
去离子水	加至100	加至100	加至100	加至100	加至100	加至100	加至100

制备方法　将各组分原料混合均匀即可。

原料介绍　所述的醇醚羧酸盐碳链长度为 $C_{12} \sim C_{18}$，乙氧基加和数为 3。

产品应用　本品是一种无酶稳定剂的高浓缩含酶洗衣液。用于清洗成人和婴儿的衣物。

产品特性　由于本品使用了支链醇醚糖苷，而支链醇醚糖苷是一种绿色、环保、对蛋白酶活性影响比较小的表面活性剂，有助于蛋白酶活性的发挥；而本品中水的含量也有所降低，也没有添加酶稳定剂，同样延长了蛋白酶的寿命，可以保证足够的货架周期；另外，三种表面活性剂的合理配置，使去污力增强，消耗洗衣液的量较少，从而包装和运输成本也相应下降。

配方102　无泡洗衣液

原料配比

原料	配比（质量份）		
	1#	2#	3#
月桂酸硫酸钠	25	30	30
聚乙二醇(400)硬脂酸酯	5	10	5
硬脂酸镁	2	5	2
脂肪酸烷醇酰胺	3	8	3
去离子水	30	50	30
抗菌剂三氯均二苯脲	0.1	0.3	0.1
布罗波尔	0.1	0.3	0.1

制备方法 将月桂酸硫酸钠、聚乙二醇（400）硬脂酸酯、硬脂酸镁、脂肪酸烷醇酰胺加入到反应釜中，室温搅拌 2～3h，然后加入去离子水、抗菌剂三氯均二苯脲、布罗波尔，搅拌 2h，静置 24h，包装即可。

产品应用 本品是一种无泡洗衣液。

产品特性 本产品制备的洗衣液，使用时洁净效果好，且无泡沫。

配方103　无水纳米洗衣液

原料配比

原料	配比（质量份）			
	1#	2#	3#	4#
脂肪酸甲酯聚氧乙烯醚	50	58	60	65
烷基合成醇烷氧基化合物	20	17	10	10
椰子油二乙醇酰胺	9	7	8	7
月桂基硫酸钠	7	5	6	5
棕榈仁油二乙醇酰胺	8	7	9	8
丙二醇	6	6	7	5

制备方法

（1）将月桂基硫酸钠加入丙二醇中，搅拌均匀后升温至 75℃；

（2）加入脂肪酸甲酯聚氧乙烯醚、烷基合成醇烷氧基化合物，搅拌均匀后降温至室温；

（3）加入椰子油二乙醇酰胺和棕榈仁油二乙醇酰胺，搅拌均匀；

（4）检测合格包装。

产品应用 本品是一种无水纳米洗衣液。

产品特性 本产品原料采用植物来源，不需要水作为基本原料，制作简单，活性物含量能达到 95%，兑水不会出现凝胶现象，不含荧光增白剂，绿色环保，溶解迅速，低 pH 值护手不伤衣物，将污垢和杂质分解成 30～50nm 微粒使之溶于清水中，深层洁净，低泡，漂洗容易不残留，自然生物降解不污染环境，大量节省运输资源，减少包装浪费。

配方104　无水洗衣液

原料配比

原料		配比（质量份）		
		1#	2#	3#
脂肪醇聚氧乙烯醚硫酸钠		100	80	120
非离子表面活性剂	脂肪酸甲酯乙氧基化物和脂肪醇聚氧乙烯（9）醚的质量比为 3:1	300	—	—
	脂肪酸甲酯乙氧基化物和脂肪醇聚氧乙烯（9）醚的质量比为 5:1	—	240	—
	脂肪酸甲酯乙氧基化物和脂肪醇聚氧乙烯（9）醚的质量比为 1:1	—	—	160

续表

原料		配比(质量份)		
		1#	2#	3#
脂肪酸钾皂		30	20	60
酶	蛋白酶和淀粉酶的质量比为2:1	2	5	1
柠檬酸钠		1	1	3
香精		1	1	5
防腐剂		0.8	0.2	1.2
色素		0.7	1.4	0.3
溶剂	乙醇和甘油的质量比为1:23	664.5	—	—
	乙醇和甘油的质量比为1:20	—	651.4	—
	乙醇和甘油的质量比为1:25	—	—	649.5

制备方法　往溶剂中加入非离子表面活性剂,搅拌均匀,再加入脂肪酸钾皂、脂肪醇聚氧乙烯醚硫酸钠,搅拌均匀,最后加入柠檬酸钠、酶、防腐剂、香精、色素搅拌均匀即可。

产品应用　本品是一种无水洗衣液,其成本低、用量少且具有高效洁净力。

产品特性

(1) 本产品为高浓缩液体洗涤剂,以脂肪酸甲酯乙氧基化物和脂肪醇聚氧乙烯(9)醚的组合物、脂肪醇聚氧乙烯醚硫酸钠作为主表面活性剂,再配合蛋白酶和淀粉酶的组合物,可快速与织物上的污渍起作用,对蛋白和淀粉污渍有高效专一的洗去效果,同时各组分协同,体系稳定,可延长产品的保质期。

(2) 本产品由于不含水可以包装于水溶性膜中,制作成遇水即溶、定量定型包装的洗衣液胶囊颗粒,开创定量使用洗涤剂、方便快捷的洗衣模式。

配方105　无水速溶洗衣液

原料配比

原料		配比(质量份)			
		1#	2#	3#	4#
阴离子表面活性剂		75	90	80	60
非离子表面活性剂	脂肪醇聚氧乙烯醚(平均碳链长度为12,EO加成数为9)	8	—	—	10
	脂肪酸甲酯乙氧基化物(平均碳链长度为12,EO加成数为8)	—	5	3	—
助剂		16.4	11.1	26.5	29.3
液体复合酶	液体蛋白酶	0.2	—	—	—
	脂肪酶和纤维素酶混合物	—	0.1	—	—
	脂肪酶和液体蛋白酶混合物	—	—	0.3	—
	液体蛋白酶、脂肪酶和纤维素酶混合物	—	—	—	0.5

续表

原料		配比(质量份)			
		1#	2#	3#	4#
香精		0.4	0.3	0.5	0.1
助剂	纯碱	10	2	5	8
	小苏打	2	3	10	6
	柠檬酸钠	3	4	7	10
	马来酸与丙烯酸均聚物的混合物	1	2	4	5
	消泡剂	0.4	0.1	0.5	0.3

制备方法 首先将阴离子表面活性剂及无机助剂置于反应釜中搅拌，同时，将预先加热到 40～50℃的非离子表面活性剂以喷雾的形式加入，并喷入液体复合酶和香精，搅拌均匀，陈化 4～5h，包装，成品。反应釜采用多角变距锥形混合器设备进行生产，能大大降低能耗。

原料介绍 所述的阴离子表面活性剂为 C_{14}～C_{16} 的粉状 α-烯基磺酸盐，C_{14} 的成分占 60% 以上，有效物含量为 92%～97%。

所述的非离子表面活性剂为脂肪醇聚氧乙烯醚（平均碳链长度为 12，EO 加成数为 9）或脂肪酸甲酯乙氧基化物（平均碳链长度为 12，EO 加成数为 8）。

产品应用 本品是一种无水洗衣液。

产品特性 本产品充分结合了洗衣粉和洗衣液的优点，去污力强，去污力相当于标准洗衣液去污力的 4 倍。该产品溶水即为洗衣液，pH 中性温和，溶解迅速彻底，溶解性能优异，溶解液清澈透亮，避免了洗衣粉溶于水中上漂下沉的浑浊现象；洗后织物柔软无残留，不伤织物及皮肤，具有洗衣液所有的优点。

配方106 洗衣机用液体洗衣液

原料配比

原料	配比(质量份)			
	1#	2#	3#	4#
C_{13} 异构醇醚	30	25	15	25
APG(烷基多糖苷)	10	15	5	15
C_{14}～C_{18} AOS(烯基磺酸盐)	16	20	20	5
AES(天然脂肪醇聚氧乙烯醚磺酸盐)	18	16	8	25
MES(脂肪酸甲酯磺酸盐)	12	8	15	5
去离子水	加至 100	加至 100	加至 100	加至 100

制备方法 将各组分原料混合均匀即可。

产品应用 本品主要用于洗衣机用液体洗衣液。

产品特性

(1) 本产品可以通过全自动电子分配器添加至隧道式洗衣机内，符合商业洗衣机连续式工作的需求，避免了人工添加的烦琐；

(2) 本产品不含氮、磷等水体富营养化成分，容易生物降解，对环境友好。

配方107　洗衣机专用洗衣液

原料配比

原料	配比（质量份）		原料	配比（质量份）	
	1#	2#		1#	2#
十二烷基硫酸钠	1	3	乙醇	4	9
聚氧丙烯聚氧乙烯共聚物	2	5	月桂醇聚氧乙烯醚	2	6
双十八烷基二甲基氯化铵	11	15	吡唑啉型荧光增白剂(一)	1	2
$C_{14} \sim C_{16}$烯基磺酸钠	2	3	吡唑啉型荧光增白剂(二)	2	3
硅酸钠	2	7	烷基苯磺酸钠	10	15
椰子油酸乙醇酰胺	1	2	水	10	20
异丙醇	1	3	香精	2	5

制备方法 将各组分原料混合均匀即可。

产品应用 本品是一种洗衣机专用洗衣液。

产品特性 本产品洗涤出色，强力去污，深层洁净，省时省力省水。

配方108　芳香高效洗衣液

原料配比

原料	配比（质量份）		
	1#	2#	3#
薰衣草香精	2	5	4
羟乙基纤维素	1	3	2
十二烷基苯磺酸钠	8	13	40
直链烷基苯磺酸钠	3	7	5
甘油	1	3	5
水	40	50	45

制备方法 将上述原料组分混合在一起，充分搅拌并对其加热，加热至90～100℃，冷却至常温即得洗衣液成品。

产品应用 本品是一种去污能力强且效率高的洗衣液。

产品特性　本产品去污能力强、效率高，有效地减少了每次洗衣时洗衣液的投入量，增加了洗衣液的使用时间，降低了洗衣成本。

配方109　皂基洗衣液

原料配比

原料		配比（质量份）					
		1#	2#	3#	4#	5#	6#
皂基		85	93	89	90	95	92
十二烷基磺酸钠		2.5	2.3	1.9	2	2.4	1.8
椰子油脂肪酸二乙醇酰胺		1.5	0.6	0.8	1	1.4	1.2
香精		0.06	0.02	0.1	0.2	0.08	0.5
色素		0.5	0.01	0.06	0.1	0.08	0.3
水		10.44	4.07	8.14	6.7	1.04	4.2
皂基	油脂	20	21	23	25	27	29
	碱	14	12	10	15	14.8	13.5
	无水乙醇	29	26	30	27	21	25
	水	37	41	37	33	37.2	32.5

制备方法

(1) 将上述洗衣液的组分按比例混合。

(2) 搅拌并加热至 80～85℃；所述搅拌速度为 270～320r/min。

(3) 冷却后得到洗衣液成品。

原料介绍　所述油脂为废弃食用油纯化处理工艺的产物。

所述废弃食用油纯化处理工艺为：将废弃食用油倒入置有 2～5 层纱布的布氏漏斗中，真空抽滤，得到纯化处理后的油脂；所述真空抽滤步骤的真空度为 0.080～0.098MPa。

所述皂基的制备方法如下：

(1) 将油脂、碱、无水乙醇和水按比例混合；

(2) 搅拌并加热 20～40min，加热温度控制在 70～90℃；

(3) 冷却后得到皂基成品。

产品应用　本品是一种去污力强、性能温和的洗衣液。

产品特性

(1) 本产品性能温和、刺激性小。pH 适中，不刺激皮肤，性能温和。

(2) 本产品具有低泡、易清洗的特点。皂基的加入，可起到控泡效果，减少泡沫的高度，从而在清洗衣物时可降低水耗，节约水资源。

配方110　去顽固污渍洗衣液

原料配比

原料	配比（质量份）		原料	配比（质量份）	
	1#	2#		1#	2#
表面活性剂	20	25	增稠剂	1	1~2
氢氧化钠	1	3	酸性催化剂	0.2	0.8
杀菌剂	0.3	0.8	定香剂	0.5	1
螯合剂	0.3	0.5	茶皂素	2	4
荧光增白剂	0.8	1.5	去离子水	加至100	加至100

制备方法　将各组分原料混合均匀即可。

原料介绍　所述催化剂通过以下步骤制备：

（1）85~95℃下，将氨水滴加到 $ZrOCl_2$、六氯铱酸铵、乙酸钴和钼酸铵的水溶液中，然后加入纳米三氧化二铁，分散，间隔1h后，再加入氟硅酸钠，保温3~4h，降至常温，静置5~10h，过滤沉淀物，收集沉淀物，洗涤至无氯离子和氟离子，100~120℃干燥至水分全部蒸发。

（2）将步骤（1）的产物在质量分数为1%~2%的氯铂酸铵溶液中浸渍2~3h，然后在500~650℃下焙烧3~4h，再将焙烧物在质量分数为5%~10%的硫酸溶液中浸渍3~4h即得酸性催化剂。

所述表面活性剂选自脂肪酸聚氧乙烯酯、椰子油脂肪酸二乙醇胺、脂肪醇聚氧乙烯醚硫酸钠和十二烷基甜菜碱中的至少一种。

所述杀菌剂为对氯间二甲苯酚和三氯生的复配物。

所述螯合剂为乙二胺四乙酸和乙二胺四乙酸钠盐中的至少一种。

所述定香剂为环十五酮、环十五内酯、三甲基环十五酮、麝香-T中的任意一种。

产品应用　本品主要是一种洗衣液。

产品特性　本品气味清淡，可以去除多种顽固污渍，去污能力强，洗后织物不会发暗、发黄。

配方111　强力洗衣液

原料配比

原料	配比（质量份）			原料	配比（质量份）		
	1#	2#	3#		1#	2#	3#
薰衣草香精	7	8	7	直链烷基苯磺酸钠	8	12	13
羟乙基纤维素	5	14	11	甘油	5	7	11
十二烷基苯磺酸钠	10	13	11	水	35	55	60

制备方法 将上述原料组分混合在一起，充分搅拌并对其加热，加热至70～85℃，冷却至常温即得洗衣液成品。

产品应用 本品是一种去污能力强且效率高的洗衣液。

产品特性 本产品去污能力强、效率高，有效地减少了每次洗衣时洗衣液的投入量，增加了洗衣液的使用时间，降低了洗衣成本。

配方112 高效洗衣液

原料配比

原料	配比(质量份)		
	1#	2#	3#
柠檬香精	1	6	8
醇醚	2	6	9
十二烷基苯磺酸	6	10	12
乳化剂	4	6	13
硬脂基二甲基氧化胺	3	6	7
烷基多苷	0.9	1	1.5
皂基	0.05	3	3.5
去离子水	加至100	加至100	加至100

制备方法 将各组分原料混合均匀即可。

产品应用 本品是一种洗衣液。

产品特性 本洗衣液味道清香，效果显著。

配方113 温和洗衣液

原料配比

原料	配比(质量份)	原料	配比(质量份)
有效物含量30%的烧碱	84	甲酸钠	5
无水柠檬酸	30	硫代硫酸钠	5
月桂酸	30	荧光增白剂 CBS-X	0.4
十二烷基醇聚氧乙烯醚硫酸钠	100	KF-88	1
烷基糖苷	20	液体蛋白酶 16XL	2
脂肪醇聚氧乙烯醚	160	薰衣草香型香精	2
甘油	10	杀菌中药提取物	0.3
有效物含量60%的有机膦酸	3	去离子水	547.6

制备方法 将各组分原料混合均匀即可。

原料介绍 所述的杀菌中药提取物其是由下述质量份的原料制得：玫瑰花2～4、薄荷2～4、竹叶3～5、金银花1～2、苦参3～5、赤芍2～4、龙爪叶1～2。

所述的杀菌中药提取物的制备方法为：将各原料混匀后，煎煮去渣后，浓缩干燥后即得。

产品应用　本品是一种洗衣液。

产品特性　本产品用量少，去污能力强，使用方便，温和安全，具有洗涤和柔顺的功能。

配方114　易降解洗衣液

原料配比

原料	配比（质量份）			
	1#	2#	3#	4#
D-柠檬烯	12	18	12	12
AES	8	8	10	12
AEO-7	10	14	14	12
乙醇	8	8	8	8
氯化钾	1.6	1.6	1.6	1.6
柠檬酸钠	2	4	3	4
去离子水	加至100	加至100	加至100	加至100

制备方法

（1）将去离子水加入所述含量的 AES 中，在磁力搅拌下使其完全溶解后加入柠檬酸钠，磁力搅拌 10～20min 使其完全溶解，配得混合溶液①；

（2）将 D-柠檬烯、乙醇先后加入 AEO-7 中，震荡使其混合均匀，配得混合溶液②；

（3）将上述溶液②在磁力搅拌下缓慢加入到上述溶液①中；

（4）将氯化钾加入上述混合溶液，磁力搅拌 10～20min 使其完全溶解即可。

产品应用　本品是一种洗衣液。

产品特性　本品安全有效、易于生物降解、对皮肤刺激性小、无污染、有利于环保、使用方便。

配方115　漂白洗衣液

原料配比

原料	配比（质量份）		
	1#	2#	3#
脂肪醇聚氧乙烯醚硫酸钠	11	11	11
十二烷基硫酸钠	4	4	4
柠檬酸	1	1	1
柠檬酸钠	1	1	1
氯化钠	0.5	0.5	0.5
EDTA-2Na	0.2	0.3	0.4

续表

原料	配比(质量份)		
	1#	2#	3#
四乙酰乙二胺	1.5	2	2.5
过碳酸钠胶囊	2	2.5	2.5
防腐剂	0.04	0.04	0.04
香精	0.05	0.05	0.05
去离子水	78.7	78.7	77

制备方法 按质量份配置各个原料，在搅拌容器中加入水，加热至40～45℃，加入脂肪醇聚氧乙烯乙醚硫酸钠搅拌使其完全溶解后，加入十二烷基硫酸钠搅拌均匀，然后加入柠檬酸、柠檬酸钠、EDTA-2Na搅拌均匀后，加入四乙酰乙二胺，最后加入过碳酸钠胶囊、防腐剂、香精，最后加入氯化钠，调节至合适的黏度。

产品应用 本品是一种洗衣液。

产品特性 本产品在进行衣物洗涤时，过碳酸钠胶囊体在水的溶胀和织物之间的作用以及外力下，使得囊芯溶出，在活化剂四乙酰乙二胺的催化下，迅速释放出过氧，起到漂白去渍和杀菌的作用。过碳酸钠和活化剂四乙酰乙二胺、EDTA的添加，很大程度提高了洗衣液的去污力。

配方116　抗霉洗衣液

原料配比

原料	配比(质量份)			
	1#	2#	3#	4#
AES(70%的月桂醇聚醚硫酸酯钠)	6	2	8	10
6501(月桂酰胺MEA)	2.5	1	4	5
十二烷基苯磺酸	5	3	6	8
AEO-9(脂肪醇聚氧乙烯醚)	3	1	5	6
NPA-50N	1.5	1	3	4
月桂基两性羧酸盐咪唑啉	1	0.5	2	3
氢氧化钠	0.5	0.1	1.5	2
氯化钠(NaCl)	0.5	0.1	1.5	2
荧光增白剂	0.05	0.01	1	1
香精	0.5	0.1	1.5	2
卡松	0.1	0.01	1.0	2
色粉水溶液	0.5	0.1	1.5	2
去离子水	100	50	80	90

制备方法

（1）将部分去离子水加入乳化罐中开启搅拌，缓慢加入十二烷基苯磺酸，搅拌 5min 后，投入用水溶解好的氢氧化钠溶液，搅拌 3min 使溶液的酸碱中和。

（2）按顺序分别将 AES（70％的月桂醇聚醚硫酸酯钠）、AEO-9（脂肪醇聚氧乙烯醚）、6501（月桂酰胺 MEA）、NPA-50N、月桂基两性羧酸盐咪唑啉加入乳化罐中搅拌均匀；要求加入原料时缓慢加入，每加完一样原料需搅拌 5～10min 后再加入另外的原料；所有原料加入完毕，在搅拌情况下开启均质 2～4 次，每次 20s，使原料充分溶解。

（3）待上述原料溶解完全，如罐内温度超过 40℃需用冷水将罐内温度降到 40℃以下，加入荧光增白剂，搅拌 3min 使分散均匀。

（4）边搅拌边加入香精、卡松、色粉水溶液，加入完毕继续搅拌 3min。

（5）加入氯化钠（NaCl）水溶液搅拌 8～10min 后停止搅拌。

（6）取样检验合格即可出料，按要求进行分装、包装。

产品应用　本品是一种防止细菌滋生、减少衣物霉变和异味的洗衣液。

产品特性　本产品通过添加 NPA-50N、月桂基两性羧酸盐咪唑啉两种原料，在衣物清洗完过水后可以吸附在衣物上，在阴雨天潮湿的环境下也可以减少衣物霉变和异味，防止细菌滋生，可以避免在长期阴雨天气中或湿气大的地区衣服发霉产生异味，使用方便，安全。

配方117　高效去污抑螨洗衣液

原料配比

原料		配比（质量份）			
		1#	2#	3#	4#
十二烷基苯磺酸钠		10	10	10	10
十二烷基聚氧乙烯(9)醚		6	6	6	6
羟乙基纤维素		2	2	2	2
除螨剂	N,N-二乙基-2-苯基乙酰胺	0.3	—	0.3	0.3
	嘧螨胺	0.1	0.25	—	0.2
	乙螨唑	0.1	0.25	0.2	—
水		加至100	加至100	加至100	加至100

制备方法　在混合釜中，先加入水，加热至 70～80℃，在搅拌条件下，加入羟乙基纤维素，溶解均匀，再加入十二烷基苯磺酸钠和十二烷基聚氧乙烯（9）醚搅拌均匀，降温至 30～40℃，按配方要求再加入除螨剂，搅拌均匀，即可得到本品的洗衣液。

产品应用　本品是一种能有效抑螨灭螨的高效去污洗衣液。

产品特性　本洗衣液具有较高的去污能力，并有效抑螨灭螨。

配方118 茶皂素洗衣液

原料配比

原料	配比(质量份)				
	1#	2#	3#	4#	5#
茶皂素晶体	7	6	9	5	10
椰子油二乙醇酰胺	6	7	5	8	6
十二烷基苯磺酸钠	8	9	10	6	7
烷基糖苷	6	7	5	8	6
杀菌精油	2	3	1.5	1	2.5
黄瓜汁提取液	6	7	8	7	7
去离子水	加至100	加至100	加至100	加至100	加至100

制备方法　将各组分原料混合均匀即可。

原料介绍　所述的杀菌精油为尤加利精油、丁香精油、柠檬精油、薰衣草精油中的一种。

产品应用　本品是一种杀菌护肤洗衣液。

产品特性　本产品洁净度高，性能温和无刺激，使用方便，并具有杀菌护肤不伤手的特点，且价格低廉。

配方119 具有柔顺功能的洗衣液

原料配比

原料	配比(质量份)		
	1#	2#	3#
十二烷基苯磺酸钠	8	10	12
十二烷基聚氧乙烯醚	4	6	8
羟乙基纤维素	1	2	3
酯基季铵盐	4	8	12
烷基多糖苷	5	22	25
脂肪醇聚氧乙烯醚	25	28	35
聚乙二醇二硬脂酸酯	3	5	8
醇醚羧酸盐	3	11	15
去离子水	50	60	70

制备方法　将各组分原料混合均匀即可。

产品应用　本品是一种具有洗涤和柔顺功能的洗衣液。

产品特性　本产品使用方便，成本低，温和安全，具有洗涤和柔顺的功能。

配方120 香型洗衣液

原料配比

原料	配比（质量份）		
	1#	2#	3#
十二烷基磺酸钠	8	12	15
二甲基苯磺酸钠	5	8	10
脂肪酸甲酯乙氧基化物	4	10	12
脂肪醇聚氧乙烯醚	2	3	4
柠檬酸钠	6	7	8
磷酸钠	0.5	1	2
碱性蛋白酶	2	2	2
草木提取液	70	75	80

制备方法 将各组分原料混合均匀即可。

原料介绍 所述草木提取液为桂花、栀子花的混合提取液。首先将桂花用10～20倍质量的纯净水在沸腾条件下提取10～30min后，过滤取滤液，然后将栀子花用15～30倍质量的纯净水在沸腾条件下提取10～20min后，过滤取滤液，最后再将前述桂花滤液、栀子花滤液以1∶（0.5～1.5）的质量比混合，制得草木提取液。

产品应用 本品是一种去污能力强且兼具自然花香的洗衣液。

产品特性 本产品原料易得、安全性高，添加天然草木提取液替代香精，确保洗衣液具有自然花香，健康环保，同时该洗衣液清洁能力强，不会损害皮肤。

配方121 薰衣草型洗衣液

原料配比

原料	配比（质量份）		
	1#	2#	3#
十二烷基苯磺酸钠	25	30	30
薰衣草精油	0.5	0.8	0.8
聚乙二醇（400）硬脂酸酯	5	10	8
硬脂酸镁	2	5	4
脂肪酸烷醇酰胺	3	8	6
去离子水	30	50	40
蛋白酶	0.01	0.03	0.02
山梨酸钾	0.1	0.3	0.2

制备方法 将十二烷基苯磺酸钠25～30份，薰衣草精油0.5～0.8份，聚乙二醇（400）硬脂酸酯5～10份，硬脂酸镁2～5份，脂肪酸烷醇酰胺3～8份，

加入到反应釜中，室温搅拌 2～3h，然后加入去离子水 30～50 份，蛋白酶 0.01～0.03 份，山梨酸钾 0.1～0.3 份，搅拌 2h，静置 24h，包装即可。

产品应用　本品是一种薰衣草型洗衣液。

产品特性　本产品使用时洁净效果好，而且无泡沫，有薰衣草清香。

配方122　洋甘菊味洗衣液

原料配比

原料	配比（质量份）		
	1#	2#	3#
十二烷基苯磺酸钠	15	30	20
十六醇	17	20	19
脂肪醇聚氧乙烯醚	10	10	9
乙二胺四乙酸二钠	18	15	18
茶树油	1.5	2	1.5
羟基亚乙基二膦酸	3	3	3.5
硫酸钠	15	11	15
碳酸钠	20	20	20
乙酸铵	8	8	8
去离子水	63	76	63
洋甘菊精油	5	4	1

制备方法　向 45℃的去离子水中加入十二烷基苯磺酸钠、十六醇、脂肪醇聚氧乙烯醚和羟基亚乙基二膦酸，搅拌混合，向混合液中加入硫酸钠、碳酸钠和乙二胺四乙酸二钠，于 45℃的温度条件下搅拌 35min，进行降温后，再向混合液中加入茶树油、洋甘菊精油和乙酸铵，搅拌混合均匀，进行分装，即得。

产品应用　本品是一种洋甘菊味洗衣液。

产品特性　本产品去污力强，具有天然植物抑菌配方，温和不伤手，并具有洋甘菊的芳香气味，特别适用于敏感肌肤的使用者，对皮肤具有镇静消炎的作用。

配方123　腰果酚聚氧乙烯醚洗衣液

原料配比

原料	配比（质量份）		
	1#	2#	3#
腰果酚聚氧乙烯醚	12	10.8	16.8
十二烷基苯磺酸钠	4	3.6	5.6
脂肪醇聚氧乙烯醚硫酸钠（70%）	5.7	5.1	8
硅酸钠	1	0.5	0.5

续表

原料	配比(质量份)		
	1#	2#	3#
聚丙烯酸钠	0.2	0.2	0.2
氯化钠	2	3	1
EDTA-2Na	0.1	0.1	0.1
香精	0.2	0.2	0.2
水	加至100	加至100	加至100

制备方法 将各组分原料混合均匀即可。

原料介绍 所述的腰果酚聚氧乙烯醚为一种新型非离子表面活性剂,以天然腰果酚为原料生产,且 EO 链长度为 5～20,具有去污力好,能有效增溶油污,泡沫低等特点。以腰果酚聚氧乙烯醚作为主表面活性剂的洗衣液既有良好的去污力又能满足低泡易漂洗的要求。通过不同 EO 数的腰果酚聚氧乙烯醚复配,可以达到不同的性能要求:5EO～10EO 腰果酚聚氧乙烯醚对油污的乳化能力强;10EO～12EO 腰果酚聚氧乙烯醚能改善产品流变性;14EO～16EO 腰果酚聚氧乙烯醚去污力强;16EO～20EO 腰果酚聚氧乙烯醚在水中溶解性好。

产品应用 本品主要用于纺织品清洗,是一种腰果酚聚氧乙烯醚洗衣液。

产品特性

(1) 本产品提供的以腰果酚聚氧乙烯醚为主要表面活性剂的液体洗衣液,由于腰果酚聚氧乙烯醚自身的空间位阻较大,不易形成紧密排列的结构,导致泡沫不易形成,具有泡沫更低的特点。并且,由于腰果酚聚氧乙烯醚亲油端为 15 个碳的长链,对油污的增溶作用强,通过不同 EO 链长的复配,可以控制 HLB 值在 13 左右,使污垢很容易被乳化后分散于水中,具有去污力强的特点。

(2) 本产品不含氮、磷等水体富营养化成分,容易生物降解,对环境友好,且腰果酚聚氧乙烯醚是由天然原料合成而来,原料来源广泛,成本较低。

配方124 阴阳离子表面活性剂复合型消毒洗衣液

原料配比

原料		配比(质量份)				
		1#	2#	3#	4#	5#
脂肪醇聚氧乙烯(9)醚羧酸钠(AEC-9)		15	10	10	10	5
脂肪醇聚氧乙烯醚	脂肪醇聚氧乙烯(7)醚	1	—	5	2	—
	脂肪醇聚氧乙烯(9)醚	—	5	—	3	5
烷基糖苷		3	1.5	1.5	1.5	—
短支链型脂肪醇聚氧乙烯(8)醚(XL-80)		2	1.5	1.5	1.5	3
聚六亚甲基双胍(PHMB)(20%)		1	1	1	1	2
十二烷基二甲基苄基氯化铵(1227)(45%)		0.5	1	1	1	1

续表

原料	配比（质量份）				
	1#	2#	3#	4#	5#
双癸基二甲基氯化铵（80%）	10	7	7	7	8
盐酸溶液	0.01～0.1	0.01～0.1	0.01～0.1	0.01～0.1	0.01～0.1
香精　柠檬香精	0.2	0.2	0.2	0.2	0.2
去离子水	67.3	72.8	72.8	72.8	70.8

制备方法

（1）将 65～75℃的去离子水的总量的 40%～50%加入化料釜中，然后按照上述配比所述的脂肪醇聚氧乙烯（9）醚羧酸钠、脂肪醇聚氧乙烯醚、烷基糖苷、短支链型脂肪醇聚氧乙烯（8）醚，搅拌均匀，得到溶液 A；

（2）所述的溶液 A 的温度降至 45～50℃时，按照上述配比加入所述的聚六亚甲基双胍、十二烷基二甲基苄基氯化铵、双癸基二甲基氯化铵、剩余的去离子水，搅拌均匀，得到溶液 B；

（3）所述的溶液 B 的温度降至 35～40℃时，按照上述配比加入所述的盐酸溶液调节所述的溶液 B 的 pH 值至 6～8，再按照上述配比加入所述的香精，得到溶液 C；

（4）将所述的溶液 C 搅拌均匀后进行过滤处理，得到消毒洗衣液。静置备用；过滤处理采用 200 目尼龙筛网；

（5）将消毒洗衣液进行检测、灌装、贴标、装箱，即得成品。

产品应用　本品是一种阴阳离子表面活性剂复合型的消毒洗衣液。

产品特性

（1）本产品的原料采用阴阳离子复合，通过特殊渗透促进剂作用，能有效作用于病菌，提高杀菌力，并能稳定储存。

（2）本产品的原料复合了双弧类杀菌剂和渗透剂、乳化剂、阴离子表面活性剂和非离子表面活性剂，将杀菌和清洁功能融为一体，洗衣杀菌同时完成。

配方125　易漂洗内衣洗衣液

原料配比

原料		配比（质量份）			
		1#	2#	3#	4#
对氯间二甲苯酚		0.2	2	1.5	0.2
阴离子表面活性剂	烷基苯磺酸钠	6	—	—	31
	脂肪酸钾皂	—	31	—	—
	脂肪醇聚氧乙烯醚硫酸钠	—	—	22	—
非离子表面活性剂	烷基糖苷	12	—	30	12
	脂肪醇聚氧乙烯醚	—	43	—	—

续表

原料		配比（质量份）			
		1#	2#	3#	4#
增稠剂	羧甲基纤维素钠	0.03	—	—	—
	海藻酸钠	—	0.5	—	—
	黄原胶	—	—	0.3	—
	卡拉胶	—	—	—	0.5
防腐剂	尼泊金酯	0.01	—	—	—
	山梨酸	—	0.05	—	—
	脱氢乙酸	—	—	0.03	0.01
去离子水		40	60	55	60

制备方法

（1）取去离子水总量的 30%～40% 加入到搅拌釜中，加热至 70～80℃，边搅拌边加入阴离子表面活性剂以及非离子表面活性剂及对氯间二甲苯酚，溶解后搅拌 0.5～1h 使之混合均匀，得到表面活性剂原液；

（2）取去离子水总量 30%～40% 加入到搅拌釜中，加热至 50～60℃，边搅拌边加入增稠剂，持续搅拌至溶液均匀透明，得到增稠剂原液；

（3）将表面活性剂原液和增稠剂原液混合，补足余量的去离子水，加入防腐剂，全部溶解后，再调节 pH 值至 6～8，即为用于内衣洗涤的洗衣液。

产品应用 本品是一种具有良好杀菌抗菌性能，且温和无刺激的用于内衣洗涤的洗衣液。

产品特性

（1）泡沫细腻丰富，去污能力强，易于漂洗，pH 呈中性，温和无刺激，不伤手。

（2）添加植物源的表面活性成分，有效清除血渍、尿渍、污渍及其他致霉污垢。在阴雨天使用还能预防细菌生长繁殖，特别适宜内衣裤的洗涤。

（3）良好的钙皂分散力，提高在硬水中的洗涤效果，避免织物泛黄变硬。

配方126   内衣污垢洗衣液

原料配比

原料	配比（质量份）			
	1#	2#	3#	4#
脂肪醇聚氧乙烯醚硫酸钠	10	30	20	14
油酸三乙醇胺盐	2	4	3	3
月桂酸钠	2	8	5	3
对氯间二甲苯酚	1	5	3	3
卡松	2	4	3	3
食盐	2	5	3	3

续表

原料	配比（质量份）			
	1#	2#	3#	4#
硫酸铜	2	4	3	3
柠檬酸	10	20	15	13
香精	4	6	5	5
防腐剂	1	2	2	1
去离子水	55	75	65	66

制备方法

（1）首先，将脂肪醇聚氧乙烯醚硫酸钠、油酸三乙醇胺盐、月桂酸钠、对氯间二甲苯酚、卡松、食盐和硫酸铜放入反应器内溶混，加温至70℃；

（2）其次，加入50℃的去离子水混合均匀；

（3）最后，降温至20℃，加入柠檬酸、香精和防腐剂搅拌，即可得到成品。

产品应用 本品是用于内衣洗涤的洗衣液。

产品特性 该产品是用于内衣洗涤的洗衣液，有效清除血渍、尿渍、污渍及其他致霉污垢，深层清洁洗净，预防细菌生长繁殖；良好的钙皂分散力，避免织物泛黄变硬，保护织物光滑、柔软舒适。同时，该洗衣液生产成本低，制备工艺简单，适合工艺化生产。

配方127 内衣抑菌去污洗衣液

原料配比

原料	配比（质量份）		
	1#	2#	3#
脂肪醇聚氧乙烯醚硫酸钠 AES	8	10	10
丙二醇	3	1	4
月桂酰胺丙基甜菜碱	6	8	10
对氯间二甲苯酚	0.5	0.1	1
椰子油脂肪酸单乙醇酰胺	2	1	4
卡松	0.3	0.1	0.5
脂肪醇聚氧乙烯醚 AEO-9	3	2	5
香精	0.2	0.4	0.2
色素	0.0002	0.0004	0.0002
食盐	0.2	0.5	0.6
水	加至100	加至100	加至100
柠檬酸	适量	适量	适量

制备方法

（1）在配料锅中加入一定量的水，搅拌升温至70℃，加入椰子油脂肪酸单乙醇酰胺，待溶解分散均匀，继续搅拌 20min。

（2）将对氯间二甲苯酚溶解于丙二醇中，在 40～50℃ 的温度下，搅拌均匀，完全溶解备用。

（3）配料锅温度保持在 70℃，加入脂肪醇聚氧乙烯醚硫酸钠，1h 后加入月桂酰胺丙基甜菜碱、脂肪醇聚氧乙烯醚，继续搅拌 40min。

（4）将配料锅温度降至 40℃，加入步骤（2）制备的对氯间二甲苯酚与丙二醇的混合溶液，搅拌 15min。

（5）用柠檬酸调节 pH 值至 4.0～8.5，然后加入色素、香精、卡松，每加一种料体间隔 5min，边加入边搅拌。

（6）最后于 700r/min 转速下，加入食盐调节黏度，25～35min，即得无磷抗菌洗衣液。

原料介绍 所述的脂肪醇聚氧乙烯醚硫酸钠的质量分数为 70%；

所述的月桂酰胺丙基甜菜碱的活性含量为 30%；

所述的卡松为 5-氯-2-甲基-4-异噻唑啉-3-酮和 2-甲基-4-异噻唑啉-3-酮的混合物。

产品应用 本品主要用于内衣、纯棉、丝质织物（包括内衣裤、袜子、床上用品等）的日常清洗。

产品特性

（1）抑菌去污：添加植物源的表面活性成分，有效清除血渍、尿渍、污渍及其他致霉污垢；深层清洁洗净，阴雨天使用，预防细菌生长繁殖。

（2）温和清香：植物香精，去除异味，洗后衣物清香怡人，护肤成分呵护双手洗后不干涩。

（3）抗硬水：良好的钙皂分散力，提高在硬水中的洗涤效果，避免织物泛黄变硬，保护织物光滑、柔软舒适。

配方128 用水溶性膜包装的浓缩洗衣液

原料配比

原料		配比（质量份）			
		1#	2#	3#	4#
甲酯乙氧基化物		15	10	10	10
非离子表面活性剂	脂肪醇聚氧乙烯(2)醚硫酸钠	3	5	5	5
	脂肪醇聚氧乙烯(3)醚	35	40	30	35
	脂肪醇聚氧乙烯(7)醚	15	15	15	15
	脂肪醇聚氧乙烯(9)醚	—	5	—	—
1,2-苯并异噻唑啉-3-酮		0.2	0.2	0.3	0.3
丙三醇		5	5	5	5

续表

原料	配比（质量份）			
	1#	2#	3#	4#
聚乙二醇	6.5	5	10	10
碳酸丙烯酯	20	14.5	24.5	19.5
香精	0.3	0.3	0.2	0.2

制备方法

(1) 按照上述质量配比取所述的聚乙二醇、丙三醇、碳酸丙烯酯加入化料釜中，然后分别按照上述配比依次加入所述的甲酯乙氧基化物、非离子表面活性剂至完全溶解，得到混合液 A；

(2) 然后分别按照上述配比依次加入 1,2-苯并异噻唑啉-3-酮、香精，得到混合液 B；

(3) 将上述混合液 B，用 200 目滤布过滤处理，得到所述的浓缩洗衣液。

产品应用　本品是一种用水溶性膜包装的浓缩洗衣液。

产品特性

(1) 本产品在制备时，不需加热，室温下可操作。整个生产工艺中，操作简单，冷配即可。先将溶剂加入釜中，便于各种表面活性剂更快地溶解混匀。在上述的配制过程中，应注意整个操作环境清洁卫生、防尘。

(2) 本产品为浓缩配方，使得在极低的浓度下，达到洗涤标准要求，而且水溶性好、泡沫少、易漂洗、无毒无刺激；本产品有效含量高于普通洗涤剂 4～5 倍。

(3) 本产品为浓缩配方，可节约原料及包装成本，生产及运输成本，利于节能降耗；本产品在节约资源上更有其优势，可以节约 1/3 以上的生产成本、包装成本、运输成本。

(4) 本产品可用于水溶性膜包装，捷带方便、使用方便、用量更省。

配方129　柚子清香型洗衣液

原料配比

原料	配比（质量份）		
	1#	2#	3#
柚子皮提取液	12	15	13
柚子花提取液	8	8	10
甘油	5	6	5
乳化剂	10	10	9
非离子表面活性剂	5	4	5
霍霍巴油	3	3	4
橄榄油	2	3	3
日用香精	0.5	0.6	0.5

续表

原料	配比（质量份）		
	1#	2#	3#
色素	0.5	0.5	0.1
去离子水	加至100	加至100	加至100

制备方法　将各组分原料混合均匀即可。

产品应用　本品是一种柚子清香型洗衣液。

产品特性　本产品采用柚子皮为主要原料，能有效去除异味，高效清洁衣物污垢，温和不伤手，同时具有杀菌抑菌、清香宜人、香味持久等特点。

配方130　皂基环保洗衣液

原料配比

原料		配比（质量份）		
		1#	2#	3#
混合活性剂		60	65	63
稳定剂	硬脂酸	5	—	—
	硬脂酸锌	—	5	5
发泡剂	偶氮二甲酰胺	1	—	—
	二亚硝基五亚甲基四胺	—	2	2
增溶剂	二甲苯磺酸盐	4	4	4
柠檬酸钠		2	2	2
十二烷基硫酸镁		3	3	3
去离子水		100	100	100
增香剂	柠檬香料	1	—	—
	玫瑰香料	—	3	3
增白剂		6	10	8
混合活性剂	直链脂肪酸聚氧乙烯(7)醚	50	70	70
	N,N'-间亚苯基双马来酰亚胺	5	15	15
	直链脂肪酸聚氧乙烯(9)醚	3	12	12

制备方法　先将去离子水加入反应釜，然后依次加入混合活性剂、稳定剂、发泡剂、增溶剂、柠檬酸钠，混合均匀后，加入十二烷基硫酸镁、去离子水、增香剂和增白剂，在转速为700r/min下搅拌均匀，即得洗衣液。

原料介绍　所述混合活性剂的制备方法，其步骤如下：将直链脂肪酸聚氧乙烯（7）醚和直链脂肪酸聚氧乙烯（9）醚在转速为500r/min下搅拌均匀后，加入 N,N'-间亚苯基双马来酰亚胺，搅拌至黏稠半透明状。

产品应用　本品是一种皂基环保洗衣液。

产品特性　该洗衣液的去污力强，针对不同材质的面料都具有很好的去污效果，具有良好的乳化、发泡、渗透、去污和分散性能，从而提高洗衣液的去污能力，并且对皮肤温和、不损伤衣物，清洗后的污水排到环境中不会污染环境，采用天然皂基为主要活性材料形成的混合活性剂，活性温和，效果好，去污能力佳，且环保无污染，来源广泛。

配方131　植物洗衣液

原料配比

原料	配比（质量份）		
	1#	2#	3#
醋酸氯己定	2	5	4
柠檬酸	6	3	5
丁香	2	4	3
花椒	6	2	5
丹皮	3	6	4
苦参	6	3	5
蛇床子	3	6	4
去离子水	120	100	100

制备方法　按配方称取丁香、花椒、丹皮、苦参、蛇床子，按常规方法制备水提液，用水煎煮2次，合并煎液。与醋酸氯己定、柠檬酸混合，加水即得。

产品应用　本品是一种植物洗衣液。

产品特性　本产品能够消毒杀菌，环保性好，使用效果好且方便。

配方132　植物型环保低泡洗衣液

原料配比

原料	配比（质量份）	原料	配比（质量份）
脂肪醇聚氧乙烯(3)醚硫酸钠(70%)	9	橙油	1
甘草	5	过碳酸钠	0.5
南瓜子油	6	香精	0.3
氯化钠	3	二氧基乙酸合铜	0.1
辛基酚聚氧乙烯醚	2	4-甲基-7-二甲胺香豆素	0.1
柠檬酸钠	1	去离子水	72

制备方法　在混合釜中，先加入去离子水，在搅拌条件下，加入脂肪醇聚氧乙烯（3）醚硫酸钠（70%）、甘草、南瓜子油、氯化钠、辛基酚聚氧乙烯醚、柠檬酸钠、橙油、过碳酸钠、香精、二氧基乙酸合铜、4-甲基-7-二甲胺香豆素。搅拌混合均匀，即可得到本品的植物型环保低泡洗衣液。

产品应用　本品是一种植物型环保低泡洗衣液。

产品特性　本产品低泡省水，去污能力强，洗过的衣服能驱虫抗过敏。

配方133　植物型洗衣液组合物

原料配比

原料	配比（质量份）		
	1#	2#	3#
荆芥提取物	8	10	12
皂荚提取液	5	7	10
氯化钠	0.5	0.7	1.5
脂肪酸甲酯磺酸钠	2.6	1.9	2.6
谷氨酸月桂酸	0.5	2.3	0.5
聚乙烯吡咯烷酮	3	7	8
脂肪分解酶	0.5	0.9	0.5
香精	6	10	12
柠檬酸钠	2	6	8
去离子水	35	45	50

制备方法　将各组分原料混合均匀即可。

产品应用　本品是一种植物型洗衣液组合物。

产品特性　该洗衣液性能温和，使用过程中刺激性小，易于漂洗，去污能力强，使用量少，难降解有机物含量少，对环境友好。

配方134　重垢无磷洗衣液

原料配比

原料	配比（质量份）	原料	配比（质量份）
脂肪醇烷氧化物	4.1	荧光增白剂	0.1
椰油脂肪酸（60%）	24.5	烷基磷酸酯钾盐（50%）	26.4
单乙醇胺	1.6	水	28.4
柠檬酸（无水）	6.6	烷基苯磺酸钠（60%）	24.5
NaOH（50%）	6.7		

制备方法　按下列顺序将各个组分加入水中：脂肪醇烷氧化物、椰油脂肪酸、单乙醇胺、柠檬酸（无水）、NaOH（50%）、荧光增白剂、烷基磷酸酯钾盐（50%）、烷基苯磺酸钠（60%）。继续混合至均一溶液。柠檬酸或NaOH用来调节所需pH值。

产品应用　本品是一种高效、无污染的化学洗衣液。

产品特性

(1) 环保：不含磷，对环境无污染。

(2) 节能：生产工艺简单，不需要贵重的加工设备，易溶于普通水中。

(3) 适于机械化洗涤：对于领口、袖口处的污垢不需用手搓洗，只需涂抹少量液体于污垢严重处放入机器中洗涤即可。

二、婴幼儿专用洗衣液

配方1　薄荷味儿童洗衣液

原料配比

原料	配比（质量份）			原料	配比（质量份）		
	1#	2#	3#		1#	2#	3#
十二烷基苯磺酸钠	15	20	30	羟基亚乙基二膦酸	2.5	2.3	2.2
十六醇	18	20	22	氯化钠	13	15	11
脂肪醇（$C_{12} \sim C_{15}$）聚氧乙烯（7）醚	9	6	10	去离子水	67	67	70
硬脂酸甘油酯	16	17	18	丙烯酸-丙烯酸酯-磺酸盐共聚物	16	16	16
茶树油	2	3	3	薄荷醇	1	2	5

制备方法　向 45℃ 的去离子水中加入十二烷基苯磺酸钠、十六醇、脂肪醇（$C_{12} \sim C_{15}$）聚氧乙烯（7）醚、硬脂酸甘油酯和羟基亚乙基二膦酸，搅拌混合，向混合液中加入氯化钠和丙烯酸-丙烯酸酯-磺酸盐共聚物，于 45℃ 的温度条件下搅拌 35min，降温后，再向混合液中加入茶树油和薄荷醇，搅拌混合均匀，进行分装，即得。

产品应用　本品是一种薄荷味儿童洗衣液。

产品特性

（1）本产品去污力强，不损伤衣物表面，具有天然植物抑菌配方，温和不伤手，对衣物有柔顺作用，并具有薄荷的芳香气味，不会释放任何物质到人体皮肤或环境中，所以具有对人体健康及环境极高的安全性。

（2）本品除了具有天然的薄荷芳香气味外，对大肠杆菌、金黄色葡萄球菌、白色念珠菌的平均抑菌率均大于 90%，具有较强除菌抑菌作用，去污效果好，清洗后的衣物对婴儿的皮肤无毒、无刺激。

配方2　儿童环保洗衣液

原料配比

原料	配比（质量份）			原料	配比（质量份）		
	1#	2#	3#		1#	2#	3#
55% 的十二烷基苯磺酸钠溶液	25	22	28	无水乙酸钠	2	1	3
辛基酚聚氧乙烯醚	16	19	13	乙醇	8	10	6

续表

原料	配比(质量份)			原料		配比(质量份)		
	1#	2#	3#			1#	2#	3#
三乙醇胺	4	2	5	去离子水		40	40	42
聚苯乙烯乳胶	0.7	0.8	0.6	杀菌提取物	菊花	16	19	14
香精	0.03	0.02	0.05		厚朴	14	12	15
柠檬酸	0.02	0.06	0.01		桂枝	22	25	20
氯化钠	0.2	0.1	0.26		金银花	40	35	43
颜料	0.05	0.02	0.08		防风	8	9	8
杀菌提取物	4	5	2					

制备方法

(1) 将去离子水加入电加热真空搅拌器中,常压加热到 60～65℃;

(2) 边搅拌边加入 55% 的十二烷基苯磺酸钠溶液、辛基酚聚氧乙烯醚,保温,搅拌器转速为 20～25r/min,搅拌时间为 15～20min;

(3) 边搅拌边加入无水乙酸钠、乙醇、三乙醇胺、聚苯乙烯乳胶,保温,搅拌器转速为 20～30r/min,搅拌时间为 20～30min;

(4) 边搅拌边加入杀菌提取物,保温,搅拌器转速为 10～15r/min,搅拌时间为 5～10min;

(5) 温度降到15～20℃,加压搅拌,压力为 36～44kPa,搅拌器转速为40～60r/min,搅拌时间为 20～25min;

(6) 常温常压下,加入香精、柠檬酸、氯化钠、颜料,搅拌器转速为 40～50r/min,搅拌时间为 35～45min,均匀即可。

原料介绍 所述杀菌提取物是将按照比例的桂枝、防风、菊花、金银花、厚朴采用超临界二氧化碳萃取后,浓度为 1～3g/mL 的提取液。制备方法包括以下步骤:

(1) 将桂枝、防风、菊花、金银花、厚朴按照比例置于萃取罐中,萃取温度为 (50±3)℃,压力为 26～30MPa。

(2) 当二氧化碳气体变为液态白色雾状时,加入浓度为 0.5%～2% 的酒精,萃取 30～40min 后,过滤并收集萃取后的混合物,进行吸附后即可。

产品应用 本品是一种儿童环保洗衣液。

产品特性 本产品配方温和、衣料不褪色,不刺激皮肤,去污力强,泡沫丰富,易漂洗,中药杀菌效果好,无副作用,无污染。

配方3 儿童用洗衣液

原料配比

原料	配比(质量份)					
	1#	2#	3#	4#	5#	6#
十二烷基磺酸钠	20	30	40	25	35	20

原料	配比(质量份)					
	1#	2#	3#	4#	5#	6#
脂肪醇聚氧乙烯醚	10	15	20	15	12	10
脂肪醇聚氧乙烯醚硫酸钠	5	5	10	10	8	5
脂肪酸钾盐	4	8	8	5	4	4
脂肪酸甲酯磺酸钠	10	5	10	6	5	5
椰子油脂肪酸二乙醇酰胺	12	12	12	8	6	6
苯甲酸钠	8	4	8	5	8	4
烷基糖苷	10	10	5	10	10	5
拉丝粉	4	2	2	2	2	2
增稠剂	10	10	5	6	5	5
衣物柔软剂	6	3	3	5	6	3
盐	5	5	1	2	5	1
色素	5	5	1	4	1	1
柠檬酸	5	1	1	2	1	1
水	60	40	40	45	55	60

制备方法 将各组分原料混合均匀即可。

原料介绍 所述增稠剂由羟乙基纤维素、聚阴离子纤维素混合而成。

所述色素可以选用亮蓝色素。

所述衣物柔软剂为环氧丙烷改性氨基硅油,通过环氧丙烷、氨基硅油制成。

产品应用 本品是一种儿童用洗衣液。

产品特性 本产品对儿童皮肤无刺激,去油污、奶渍、尿渍能力强,对环境污染少,易漂洗,残留物少、衣服柔软、阴雨天不会有异味。

配方4 儿童专用洗衣液

原料配比

原料	配比(质量份)		
	1#	2#	3#
甘油	5	8	10
脂肪醇聚氧乙烯醚	15	17	20
十六醇	4	8	12
十二烷基苯磺酸	7	9	11
硬脂酸甘油酯	8	12	16
黄瓜汁提取液	4	6	8
烷基多苷	3	4	6
酯基季铵盐	5	7	10
醇醚	3	6	9
烷基多糖苷	8	12	16
乳化剂	5	8	10
去离子水	30	40	50

制备方法　将各组分原料混合均匀即可。

产品应用　本品是一种洗衣效果好的儿童洗衣液。

产品特性

(1) 本产品洗衣效果好、抑菌作用好、味道清香、效果显著,温和、不伤手、对衣物有柔顺作用。

(2) 本产品不仅实现了洗衣液去除衣物上污垢的功能,而且洗涤能力出色,去污力强,使用方便,尤其是具备了良好的杀菌和消毒功能,特别是能够杀死耐甲氧西林金黄色葡萄球菌的特性。

配方5　芳香儿童洗衣液

原料配比

原料	配比(质量份)			原料	配比(质量份)		
	1#	2#	3#		1#	2#	3#
十二烷基苯磺酸钠	10	30	30	羟基亚乙基二膦酸	5	5	4
十六醇	15	20	20	氯化钠	3	5	3
玫瑰精油	8	10	9	去离子水	100	90	90
硅酸钠	12	6	12	羧甲基纤维素	22	12	22
过硼酸钠	3	5	4	薄荷醇	7	7	7
茶树油	3	5	4				

制备方法　向45℃的去离子水中加入十二烷基苯磺酸钠、十六醇、硅酸钠、过硼酸钠、羟基亚乙基二膦酸、羧甲基纤维素,向混合液中加入氯化钠,于45℃的温度条件下搅拌35min,降温后,再向混合液中加入玫瑰精油、茶树油和薄荷醇,搅拌混合均匀,进行分装,即得。

产品应用　本品是一种芳香儿童洗衣液。

产品特性

(1) 本产品去污力强,具有天然植物薄荷和玫瑰的抑菌配方,温和不伤手,并具有薄荷和玫瑰的芳香气味,适用于儿童。

(2) 本产品除了具有天然的薄荷和玫瑰芳香气味外,对大肠杆菌、金黄色葡萄球菌、白色念珠菌的平均抑菌率均大于95%,具有较强除菌抑菌作用,未检出荧光增白剂,去污效果好,并且经该洗衣液清洗后的衣物,对婴儿的皮肤无毒、无刺激。

配方6　防霉抑菌婴幼儿专用洗衣液

原料配比

原料	配比(质量份)			
	1#	2#	3#	4#
防霉抑菌功效成分	2.0	10.0	13.0	16.0

续表

原料	配比(质量份)			
	1#	2#	3#	4#
脂肪醇聚氧乙烯醚硫酸钠	15.0	12.0	10.0	7.0
脂肪醇聚氧乙烯(9)醚	5.0	7.0	10.0	12.0
脂肪醇聚氧乙烯(7)醚	3.0	2.5	2.0	1.5
蛋白酶稳定剂	1.0	1.5	2.0	2.5
丙二醇	5.0	7.0	9.0	12.0
衣物柔顺剂	1.0	1.2	1.5	1.8
茶树精油	0.5	0.6	0.7	0.8
去离子水	加至100	加至100	加至100	加至100

制备方法　将各组分原料混合均匀即可。

原料介绍　所述防霉抑菌功效成分为黄连提取物、白茯苓提取物、金银花提取物、灵香草提取物、防风提取物，这五种功效成分比例为黄连提取物：白茯苓提取物：金银花提取物：灵香草提取物：防风提取物＝5：2：1：2：1。

产品应用　本品是一种防霉抑菌婴幼儿专用洗衣液。

产品特性

(1) 在洗衣液总组合物中加入的是从天然植物中提取的具有活性成分的物质，不仅能够抑制衣物生长细菌和霉菌，同时降低洗衣液的刺激性，不易引起衣物的破损、腐烂，且无残留化学防腐剂而刺激皮肤；使用安全可靠，制作简便。

(2) 使用含有黄连提取物、白茯苓提取物、金银花提取物、灵香草提取物、防风提取物植物防霉抑菌成分的洗衣液，对大肠杆菌、金黄色葡萄球菌有除菌作用，对黑曲霉、绿色木霉、绳状青霉、球毛壳霉菌有防霉作用；且随着防霉除菌功效成分的增加，防霉除菌效果加强。

配方7　非离子低刺激婴幼儿洗衣液

原料配比

原料	配比(质量份)			原料	配比(质量份)		
	1#	2#	3#		1#	2#	3#
非离子表面活性剂	15	17	20	消毒剂	0.1	0.5	1
烷基糖苷	10	15	20	衣物柔顺剂	0.3	1.2	2
肌氨酸钠	5	8	10	消泡剂	0.01	0.2	0.5
红没药醇	0.1	0.35	0.6	芦荟提取物	0.01	0.2	0.5
衣物渗透剂	0.5	2.5	5	防腐剂	0.01	0.2	0.5
蛋白酶稳定剂	0.5	1.2	2	香精	0.1	0.2	0.5
增稠剂	0.5	1.2	2	水	加至100	加至100	加至100

制备方法　将各组分原料混合均匀即可。

原料介绍　所述非离子表面活性剂为失水山梨醇酯、乙二醇酯和蔗糖酯中至少一种。

所述消毒剂选自硼砂、对氯间二甲苯酚中至少一种。

产品应用　本品是一种非离子低刺激婴幼儿洗衣液。

产品特性　本产品采用多元醇型非离子表面活性剂，其分子中的亲水基是羟基，由于这类产物来源于天然产品，具有易生物降解、低毒性的特点，对婴幼儿的皮肤无刺激，同时添加的红没药醇不仅具有抗炎性能，还可以有效抑制衣服上的细菌生长，对婴幼儿肌肤温和无刺激。

配方8　含有海洋生物成分的婴儿洗衣液

原料配比

原料		配比(质量份)				
		2#	3#	4#	5#	6#
海洋生物除菌剂		3	4	3.3	3.8	3.5
椰子油脂肪酸二乙醇酰胺		9	12	10	11	10.5
烷基糖苷		5	7	5.5	6.5	6
脂肪醇聚氧乙烯醚硫酸钠		5	8	6	7	6.5
乙二胺四乙酸二钠		0.5	1	0.6	0.9	0.7
氯化钠		0.5	1	0.6	0.9	0.7
蛋白酶		0.2	0.4	0.25	0.35	0.3
脂肪酶		0.2	0.4	0.25	0.35	0.3
淀粉酶		0.1	0.3	0.15	0.25	0.2
香精		—	5	—	3.5	1
去离子水		76.5	60.9	73.35	65.45	70.3
海洋生物除菌剂	羧甲基壳聚糖	1	2	1.5	1.5	1.5
	海藻多糖	2	4	3	3	3
	杀菌肽	6	8	7	7	7
	N-乙酰胞壁质聚糖水解酶	1.5	3.5	2	2	2
	去离子水	89.5	82.5	86.5	86.5	86.5

制备方法

(1) 向35~45℃的去离子水中加入配比量的 EDTA-2Na，进行搅拌混合得混合液 A；

(2) 向混合液 A 中加入椰子油脂肪酸二乙醇酰胺、烷基糖苷和脂肪醇聚氧乙烯醚硫酸钠，于35~45℃的温度条件下进行搅拌混合得混合液 B；

(3) 向混合液 B 中加入配比量的海洋生物除菌剂，于25~35℃温度条件下搅拌混合均匀得混合液 C；

（4）向混合液 C 中加入配比量的蛋白酶、脂肪酶及淀粉酶，搅拌混合均匀得混合液 D；

（5）向混合液 D 中加入配比量的氯化钠或氯化钠和香精，混合均匀得所述含有海洋生物成分的婴儿洗衣液。

原料介绍　所述的海洋生物除菌剂可以按如下步骤制备：

（1）向 30～35℃的水中加入配比量的羧甲基壳聚糖和海藻多糖，进行搅拌混合 10～20min，得混合液 A；

（2）往混合液 A 中加入配比量的杀菌肽，搅拌混合的时间为 3～7min，得混合液 B；

（3）往混合液 B 中加入配比量的 N-乙酰胞壁质聚糖水解酶，搅拌混合 3～7min，得所述海洋生物除菌剂。

产品应用　本品是一种含有海洋生物成分的婴儿洗衣液。

产品特性　本产品不仅具有优异的杀菌性能，同时具有很好的抗静电性和柔顺性能，能够有效杀菌、有效去污渍，并且对婴儿皮肤无毒、无刺激。

配方9　护肤儿童洗衣液

原料配比

原料	配比（质量份）		原料	配比（质量份）	
	1#	2#		1#	2#
野菊花提取物	1	2	荧光增白剂	2	4
除螨杀菌植物提取液 R301	2	3	碳酸钠	2	4
非离子表面活性剂	10	15	偏硅酸钠	1	2
十二烷基硫酸钠	5	8	赖氨酸	2	3
脂肪酶	2	4	天冬氨酸	1	4
70～90 目粉碎并过筛的干桂花	2	4	去离子水	20	40
苏打粉	6	9	柠檬香精	2	3

制备方法　将各组分原料混合均匀即可。

产品应用　本品是一种护肤儿童洗衣液。

产品特性　本产品无磷、铝，不残留，不伤手，低泡易洗超干净，保护皮肤无刺激。

配方10　柔顺温和儿童洗衣液

原料配比

原料	配比（质量份）		原料	配比（质量份）	
	1#	2#		1#	2#
十二烷基二甲苄基氯化铵	1	2	丙二醇	1	3

续表

原料	配比(质量份)		原料	配比(质量份)	
	1#	2#		1#	2#
甜杏仁油	4	5	淀粉酶	2	5
羧甲基纤维素钠	1	2	高碳脂肪醇聚氧乙烯醚	1	5
硫酸钠	2	3	EDTA-2Na	1	3
荧光增白剂	3	4	过氧化物酶	1	2
月桂酸	1	3	去离子水	7	21
十二烷基苯磺酸	8	12	阴离子表面活性剂	3	4

制备方法 将各组分原料混合均匀即可。

产品应用 本品是一种柔顺温和儿童洗衣液。

产品特性 本产品性质温和,有去污、除菌、柔顺的功能,可抵御外界对皮肤的干扰。

配方11 童装洗衣液

原料配比

原料	配比(质量份)		
	1#	2#	3#
下果藤	2	4	3
射干	2	4	3
脂肪醇聚氧乙烯醚硫酸盐(AES)	9	12	10
十二烷基苯磺酸钠(LAS)	3	2	2
脂肪醇聚氧乙烯醚(AEO)	2	3	3
羧甲基纤维素钠	1	0.5	1
乙醇	7	8	8
氯化钠	2	2	3
偏硅酸钠	10	10	9
次氯酸钠	1	1	1.5
椰子油醇二乙醇酰胺	2	2	1
聚硅氧烷消泡剂	—	0.1	—
香精	0.1	0.1	0.1
去离子水	适量	适量	适量

制备方法 取下果藤、射干,加水煎煮两次,第一次加水为药材质量的8～12倍量,煎煮1～2h,第二次加水为药材质量的6～10倍量,煎煮1～2h合并煎液,浓缩至下果藤、射干总质量的10倍量,加入脂肪醇聚氧乙烯醚硫酸盐(AES)、十二烷基苯磺酸钠(LAS)、脂肪醇聚氧乙烯醚(AEO)、羧甲基纤维素钠、乙醇、氯化钠、偏硅酸钠、次氯酸钠、椰子油醇二乙醇酰胺、聚硅氧烷消

泡剂、香精，70~80℃左右溶解，即得。

产品应用　本品是一种童装洗衣液。

产品特性　本产品中下果藤和射干清热解毒，两者配伍，起泡和抗菌效果良好。该童装洗衣液具有良好的起泡和抗菌效果，具有良好的抑菌作用。

配方12　无刺激的婴幼儿洗衣液

原料配比

原料	配比（质量份）			
	1#	2#	3#	4#
2-溴-2-硝基-1,3-丙二醇	11	10	5	18
脂肪酸甲酯磺酸钠	12	8	20	20
丙二醇	4	5	3	5
植物防腐剂	2	3	1	3
四硼酸钠	4	5	5	2
瓜尔胶羟丙基三甲基氯化铵	2	2.5	2	1
柠檬酸	2	3	1	2
去离子水	50	40	30	20

制备方法　将各组分原料混合均匀即可。

产品应用　本品是一种去污力强、温和无刺激的婴幼儿洗衣液。

产品特性　本产品温和无刺激，不伤手，不伤衣物，对衣物有柔顺作用，除此之外洗衣液的除油、除汗渍能力强，且易冲洗，节水节能，适合手洗，是一种高效、环保、低碳、清洁、温和的洗涤产品。

配方13　洗护合一婴幼儿洗衣液

原料配比

原料		配比（质量份）		
		1#	2#	3#
阴离子表面活性剂	月桂醇聚脂肪醇聚氧乙烯醚硫酸钠	17	9	—
	月桂醇醚磺基琥珀酸单酯二钠盐	8	6	15
两性离子表面活性剂	椰油酰胺丙基甜菜碱	5	—	—
	十二烷基二甲基甜菜碱	—	2	—
	咪唑啉两性二乙酸二钠	—	—	2
非离子表面活性剂	脂肪醇聚氧乙烯(9)醚	2	5	—
	脂肪醇聚氧乙烯(7)醚	2	—	5
衣物渗透剂	PAS-8S	2	0.5	—
	改性异构醇醚 JXO-01	—	—	5
蛋白酶稳定剂	柠檬酸钠	2	1	0.5

续表

原料		配比(质量份)		
		1#	2#	3#
增稠剂	氯化钠	1	2	1.5
衣物柔顺剂	Formasil 593	1	0.5	—
	嵌段硅油 KSE	—	—	2
衣物抗沉积剂	NPA-501xl	2	0.5	—
	Acusol 445N	—	—	5
蛋白酶		0.1	0.5	0.01
衣物消毒剂	硼砂	0.5	0.1	—
	对氯间二甲苯酚(PCMX)	—	—	1
衣物消泡剂	Y-14865	0.1	0.1	0.5
芦荟提取物		0.1	0.1	0.1
防腐剂	DMDM 乙内酰脲	0.4	0.4	0.4
香精		0.3	0.3	0.3
水		加至100	加至100	加至100

制备方法

(1) 将阴离子表面活性剂和20%水加热到70℃搅拌溶解成透明液体。

(2) 降温至40℃时,加入两性离子表面活性剂、非离子表面活性剂、衣物渗透剂、衣物抗沉积剂、衣物柔顺剂、衣物消毒剂、增稠剂、衣物消泡剂、芦荟提取物、蛋白酶、蛋白酶稳定剂、DMDM 乙内酰脲、香精,搅拌均匀,从而制备得到洗护合一婴幼儿洗衣液。

产品应用　本品是一种洗护合一婴幼儿洗衣液。

产品特性

(1) 本产品 pH 为中性,刺激性低,洗后衣物柔软度好,去污力强,冷水、温水中具有良好去污效果,洗衣时泡沫少,易漂洗。

(2) 本产品不但能对衣物消毒,而且具有柔软和无刺激性的优点。

配方14　洗护二合一婴幼儿洗衣液

原料配比

原料		配比(质量份)	
		1#	2#
表面活性剂	脂肪醇(C_{12}~C_{14})聚氧乙烯醚硫酸钠(AES)	10	13
	烷基(C_{12}~C_{14})糖苷(APG)	3	6
	椰油酰胺基丙基甜菜碱(CAB)	2	—
	月桂酰胺丙基氧化胺(LAO-30)	—	4
	脂肪醇(C_{12}~C_{16})聚氧乙烯(9)醚	2	1

续表

原料		配比（质量份）	
		1#	2#
柔软剂	氨基硅油微乳液	1	0.5
脂肪酸钠	脂肪酸（C_{12}～C_{18}）钠	2	—
	脂肪酸（C_{12}＋C_{14}＋C_{16}＋C_{18}）钠	—	8
螯合剂	乙二胺四乙酸二钠	0.1	—
	柠檬酸钠	—	0.5
防腐剂	2-甲基异噻唑-3(2H)-酮（MIT）	0.2	0.2
香精		0.1	0.1
增稠剂	氯化钠	2	1.5
去离子水		77.6	65.2

制备方法

（1）依次加入计量好的去离子水，升温至 $60\sim70℃$，搅拌同时加入表面活性剂、脂肪酸钠，搅拌使之溶解。

（2）降温至 30℃ 以下，加入柔软剂、螯合剂、香精、防腐剂、增稠剂，搅拌使之溶解。

（3）用 300 目滤网过滤后包装。

产品应用　本品是一种洗护二合一婴幼儿洗衣液。

产品特性

（1）本产品 pH 为中性，刺激性低，洗后衣物柔软度好，去污力强，冷水、温水中具有良好去污效果，洗衣时泡沫少，易漂洗。

（2）本产品选用性能优良、温和、刺激性小、无毒、易降解、可再生的绿色表面活性剂复配。添加特殊的织物护理剂实现柔软功能，独特的氨基硅油微乳液属于化妆品级原料，具有纳米粒径，可以渗透到织物纤维中，使织物更加柔软和滑爽，对皮肤刺激性小，尤其适合全棉，体现其柔软及丝滑的护理效能。

配方15　洗护型婴幼儿洗衣液

原料配比

原料	配比（质量份）		
	1#	2#	3#
非离子表面活性剂	20	25	23
烷基糖苷	10	20	17
芦荟提取物	0.5	0.8	0.6
蛋白酶稳定剂	1	3	1.8
衣物渗透剂	0.5	5	2.5
增稠剂	0.5	2	1.3
衣物柔顺剂	0.3	2	1.7

续表

原料		配比（质量份）		
		1#	2#	3#
衣物消毒剂		0.5	3	1.8
香精		0.1	0.5	0.35
中草药抗菌组分	丁香醇提物、穿心莲醇提物、甘草醇提物或乌梅醇提物的一种或任意两种混合物	0.6	—	—
	乌梅醇提物	—	1	—
	丁香醇提物	—	—	0.8

制备方法　将各组分原料混合均匀即可。

产品应用　本品是一种适应婴幼儿幼嫩的皮肤、对婴幼儿肌肤温和无刺激的婴幼儿洗衣液。

产品特性　本产品不含有防腐剂，适应婴幼儿幼嫩的皮肤，以免造成洗衣液残留伤害；本产品采用中草药提取物作为抗菌成分添加入洗衣液中，不仅抗炎性能更强，有效抑制衣服上的细菌生长，而且对婴幼儿肌肤温和无刺激，还可以在衣物上留下一层防护膜，放置一段时间后再穿上仍然效果良好。

配方16　低泡婴儿衣物洗衣液

原料配比

原料	配比（质量份）			原料	配比（质量份）		
	1#	2#	3#		1#	2#	3#
甘油	5	2	3	脂肪醇聚氧乙烯醚	10	6	8
烷基糖苷	20	10	15	十六醇	15	5	10
椰油酰二乙醇胺	5	2	3	去离子水	60	40	50
酰基丙基甜菜碱	20	10	15				

制备方法　将各组分原料混合均匀即可。

产品应用　本品是一种洗衣效果好、抑菌作用好的婴儿洗衣液。

产品特性　本产品的洗衣液去污力符合国家标准，并可有效降低泡沫，易漂洗，节水节能，且洗涤后的衣物清洁度高。

配方17　婴儿有效去污洗衣液

原料配比

原料		配比（质量份）				
		1#	2#	3#	4#	5#
非离子表面活性剂	棕榈油乙氧基化物	5	7	7	—	—
	棕榈仁油乙氧基化物	8	10	12	10	16

续表

原料		配比(质量份)				
		1#	2#	3#	4#	5#
非离子表面活性剂	大豆油乙氧基化物	—	—	—	6	—
	脂肪醇聚氧乙烯醚	—	8	5	4	6
	椰子油乙氧基化物	8	—	8	8	6
	椰油二乙醇酰胺	3	4	4	5	5
脂肪酸甲酯磺酸钠		6	10	14	10	10
椰油酰胺丙基甜菜碱		4	6	8	6	6
淀粉酶		1	1	0.5	1	2
蛋白酶		1	1	0.5	1	2
抑菌呵护香精油		0.5	1	0.5	0.5	1
去离子水		63.5	52	40.5	48.5	52

制备方法

(1) 先将天然油脂乙氧基化物与占总去离子水总质量 60％的 50℃去离子水搅拌均匀，再依次加入其他非离子表面活性剂、脂肪酸甲酯磺酸钠、椰油酰胺丙基甜菜碱，搅拌均匀，形成透明溶液。

(2) 待上述溶液温度降低至 35℃，依次加入抑菌呵护香精油和蛋白酶。

(3) 待上述体系稳定后加入淀粉酶和余量去离子水，搅拌均匀制得洗衣液。

(4) 在上述的配制过程中，应注意整个操作环境清洁卫生、防尘。在 50℃温度时有利于非离子表面活性剂、脂肪酸甲酯磺酸钠、椰油酰胺丙基甜菜碱的溶解，形成均匀稳定的透明溶液。因为蛋白酶对淀粉酶有分解作用，先加蛋白酶形成稳定体系后，再加入淀粉酶可防止淀粉酶被分解。高温导致酶失活，选择 35℃或更低温度加入酶。

产品应用　本品是一种能够有效去污、无毒无刺激、对婴儿皮肤具有很好亲和力的抑菌洗衣液。

产品特性

(1) 本产品采用绿色天然源表面活性剂，合成原料为天然可再生资源，具有良好的生态相容性和生物降解性。

(2) 本产品能够有效去污、无毒无刺激、对婴儿皮肤具有很好亲和力。

配方18　婴儿衣物用洗衣液

原料配比

原料	配比(质量份)			原料	配比(质量份)		
	1#	2#	3#		1#	2#	3#
芦荟提取物	12	8	9	碱性脂肪酶	1.5	0.5	1.3
皂荚提取物	10	5	8	薄荷提取物	2.6	2.6	1.8

续表

原料	配比(质量份)			原料	配比(质量份)		
	1#	2#	3#		1#	2#	3#
乙氧基化烷基硫酸钠	1.8	0.2	1.4	香精	12	6	8
氯化钠	2.5	0.5	2.1	两性表面活性剂	0.5	0.5	0.8
乙二胺四乙酸	8	3	6	柠檬酸	8	2	6
椰油酸二乙醇酰胺	1.2	0.5	0.8	去离子水	50	35	45
丙二醇	0.2	0.2	1.2				

制备方法   将各组分原料混合均匀即可。

原料介绍   所述两性表面活性剂为氨基酸型、甜菜碱型表面活性剂中的一种。

产品应用   本品是一种婴儿衣物用洗衣液。

产品特性   该洗衣液采用天然植物提取液作为有效成分，性能温和，安全无刺激；洗衣液中加入碱性脂肪酶促进了洗衣效果，去污能力强；使用过程中泡沫低，易漂洗，不会引起化学残留，特别适合婴儿衣物的洗涤。该洗衣液解决了常用洗衣液中含有一些化学成分可能对婴儿皮肤产生刺激性的问题。

配方19   婴儿用抗菌洗衣液

原料配比

原料	配比(质量份)		
	1#	2#	3#
十二烷基苯磺酸钠	18	20	20
椰油酰二乙醇胺	12	8	11
聚羧酸盐为丙烯酸-丙烯酸酯-磺酸盐共聚物	6	6	4
茶树油	10	3	8
葡萄柚	2	6	4
芦荟酊	8	10	9
春黄菊	3	7	5
SAVINASE ULTRA 16XL 蛋白酶	1	5	4
硫酸钠	35	30	28
去离子水	加至100	加至100	加至100

制备方法   将各组分原料混合均匀即可。

产品应用   本品是一种婴儿用抗菌洗衣液。

产品特性

(1) 采用茶树油作为杀菌、抑菌剂，其是金黄色葡萄球菌、大肠杆菌的克星，抑菌率高达99.7%；同时采用葡萄柚，其对婴儿皮肤具有极好的保护作用；

芦荟酊是抗菌性很强的物质，能杀灭真菌、霉菌、细菌、病毒等，而且还有抗炎作用。

（2）本产品抗菌性好，洗出的衣物柔软清香，对婴儿皮肤具有保护作用。

配方20 婴幼儿无磷洗衣液

原料配比

原料	配比（质量份）		原料	配比（质量份）	
	1#	2#		1#	2#
月桂醇聚醚硫酸酯钠	10	15	金银花提取液	30	20
月桂酰两性基乙酸钠	8	10	香精	5	5
椰油酰胺丙基甜菜碱	12	10	去离子水	加至100	加至100
聚季铵盐-7	8	5			

制备方法 将各组分原料混合均匀即可。

产品应用 本品是一种婴幼儿无磷洗衣液。

产品特性 本产品的优点是配方合理、洁净无残留、使用效果佳。

配方21 婴幼儿去渍洗衣液

原料配比

原料	配比（质量份）						
	1#	2#	3#	4#	5#	6#	7#
N-椰油酰谷氨酸钠	6	10	8	10	1	5	8
氧化胺	3	3	2.5	10	1	2	4
椰子油脂肪酸二乙醇酰胺	1	1	1	5	1	1	3
$C_{10} \sim C_{12}$烷基糖苷	2	1.5	1	5	1	1	3
脂肪醇硫酸钠	3.5	3.5	3.5	5	1	3	5
乙二胺四乙酸四钠	1	1	1	2	—	0.1	1
氯化钠	0.5	0.5	0.5	1	—	0.5	0.5
柠檬酸	0.1	0.1	0.1	1	0.1	0.1	0.5
香精	0.05	0.05	0.05	1	0	0.05	0.05
阳离子瓜尔胶	0.1	0.1	0.1	0.1	0.05	0.1	0.1
防腐剂	0.08	0.08	0.08	0.1	0.05	0.08	0.08
去离子水	81.67	79.17	82.17	59.8	94.8	87.07	74.77

制备方法

（1）向占各组分总质量10%的去离子水中加入阳离子瓜尔胶并搅拌均匀，然后加入乙二胺四乙酸四钠使其溶胀，得备用液，备用；

（2）将氨基酸型表面活性剂、脂肪醇硫酸钠和占各组分总质量 45％～50％ 的去离子水加热至 70℃ 并搅拌均匀，溶质溶解形成透明液体；

（3）在保温条件下继续向透明液体中加入氧化胺、椰子油脂肪酸二乙醇酰胺和烷基糖苷，搅拌均匀，溶质溶解形成制备液；

（4）将制备液降温至 40℃，然后向制备液中加入备用液、氯化钠、柠檬酸、香精、防腐剂和余量去离子水，并搅拌均匀得洗衣液。

原料介绍 所述氧化胺为 N,N-二甲基-3-椰油酰胺丙基氧化胺。

所述防腐剂为质量比为 19∶1 的甲基异噻唑啉酮和乙基己基甘油的混合物。

产品应用 本品是一种婴幼儿洗衣液。

产品特性

（1）本产品能有效去除婴儿衣物的便尿渍、口水渍、食物油污等。

（2）使用本产品洗涤的衣物，衣物干燥后会在织物纤维表面形成一层温和亲肤的保护膜，可减少织物纤维间的摩擦；所形成的保护膜与空气中水分结合，可使衣物具有一定润度，减少静电产生，并使洗后衣物更柔顺。因此，本产品洗涤衣物柔软性好，对婴儿皮肤具有很好的亲和力，并能有效洗去婴幼儿衣物的顽固污渍。

配方22　婴幼儿生物降解洗衣液

原料配比

原料		配比（质量份）			
		1#	2#	3#	4#
脂肪醇聚氧乙烯醚 AEO-9		5	5	5	5
脂肪酸甲酯磺酸钠 MES		8	8	8	8
十二烷基糖苷		4	4	4	4
椰油酰胺基丙基甜菜碱		3	3	3	3
除螨剂	N,N-二乙基-2-苯基乙酰胺	0.3	—	0.3	0.3
	嘧螨胺	0.1	0.25	—	0.2
	乙螨唑	0.1	0.25	0.2	—
去离子水		加至 100	加至 100	加至 100	加至 100

制备方法 在混合釜中，先加入去离子水，加热至 70～80℃，在搅拌条件下，加入 AEO-9、脂肪酸甲酯磺酸钠、十二烷基糖苷和椰油酰胺基丙基甜菜碱搅拌均匀，降温至 30～40℃，按配方要求再加入除螨剂，搅拌均匀，即可得到本品的婴幼儿洗衣液。

产品应用 本品是一种婴幼儿洗衣液。

产品特性 本品具有较高的去污能力，能生物降解，性能温和安全，刺激性低，容易漂洗，并有效抑螨灭螨。

配方23 婴幼儿无残留洗衣液

原料配比

原料	配比(质量份)			原料	配比(质量份)		
	1#	2#	3#		1#	2#	3#
十二烷基苯磺酸钠	15	10	20	聚乙二醇	5	5	8
烷基硫酸钠	7	7	8	肥皂	8	8	10
三聚磷酸钠	15	15	20	香精	0.2	0.2	0.1
羟甲基纤维素	2	2	2	去离子水	70	80	60
牛脂脂肪酸	6	6	6				

制备方法 将各组分原料混合均匀即可。

产品应用 本品是一种婴幼儿洗衣液。

产品特性 本品制作工艺简单，成本低廉，去污效果好，且不含腐蚀性因素，不伤手，不伤害皮肤，容易漂洗，不残留。

配方24 婴幼儿无刺激洗衣液

原料配比

原料	配比(质量份)			原料	配比(质量份)		
	1#	2#	3#		1#	2#	3#
脂肪酸钠	100	150	125	乙酸薄荷酯	20	40	232
烷基糖苷	60	50	53	芦荟提取液	50	20	36
椰油酰胺基丙基甜菜碱	50	30	45	甘菊花提取物	20	10	12
碱性脂肪酶	10	10	4	柔软剂	1	10	8
碱性蛋白酶	10	10	15	去离子水	适量	适量	适量

制备方法

(1) 按比例称量脂肪酸钠、烷基糖苷和椰油酰胺基丙基甜菜碱，倒入配料锅中，加入适量去离子水，搅拌10～20min，至溶液分散均匀；

(2) 调节溶液pH值为8～10；

(3) 加入碱性脂肪酶，搅拌均匀后，再加入碱性蛋白酶，搅拌均匀后静置10min；

(4) 加入乙酸薄荷酯、芦荟提取液和甘菊花提取物，搅拌均匀；

(5) 3～5min后加入柔软剂，搅拌均匀；

(6) 回流10～20min，取样检测。

产品应用 本品主要用于婴幼儿衣物清洗的洗衣液。

产品特性 本产品选用的是天然成分，环保，无刺激，去污力强，对衣物无损伤，有利于保护婴幼儿的身体健康。本产品生产方法简单，条件温和，且能有效保留洗衣液中天然组分的活力，从而有利于提高产品的洗涤效果，延长洗涤产品的货架期。本产品具有较强的去污能力，尤其对于蛋白、皮脂类污渍的洗涤效果更强，特别适合婴幼儿带奶渍、油渍的衣物的清洗。

配方25　婴幼儿环保洗衣液

原料配比

原料	配比(质量份)					
	1#	2#	3#	4#	5#	6#
脂肪醇聚氧乙烯醚	4	6	4	8	6	6
70%的脂肪酸甲酯磺酸钠	16	14	16	12	14	14
50%的烷基糖苷	8	6	4	8	6	6
25%的钾皂	2	3	4	2	3	3
35%的椰油酰胺基丙基甜菜碱	10	9.2	8	10	9.2	9.2
有机配位剂	—	—	0.6	0.4	0.5	0.5
防腐剂	—	—	—	—	—	0.1
香精	—	—	—	—	—	0.3
去离子水	加至100	加至100	加至100	加至100	加至100	加至100

制备方法　在混合釜中，投入去离子水，在搅拌条件下，加入其他各原料，搅拌均匀，即可得到婴幼儿洗衣液。

产品应用　本品主要用于婴幼儿衣物的洗涤。

产品特性　本品具有良好钙皂分散力且性能温和安全，提高了在硬水中的洗涤效果，提高了织物光亮、光滑、柔软及弹性。配方中使用的主要原料是可降解原材料，能生物降解，绿色环保。

配方26　婴幼儿用洗衣液

原料配比

原料	配比(质量份)				
	1#	2#	3#	4#	5#
防霉抑菌功效成分	2	10	13	16	22
椰油脂肪酸二乙酰胺	10	12	15	18	20
天然沸石粉	3	5	10	3	5
脂肪醇聚氧乙烯(9)醚	5	7	10	12	15
脂肪醇聚氧乙烯(7)醚	3	2.5	2	1.5	1
蛋白酶稳定剂	1	1.5	2	2.5	3
丙二醇	5	7	9	12	15
氯化钠	0.8	0.6	0.8	0.6	0.8
柠檬酸	3	3	5	5	5
茶树油	0.5	0.6	0.7	0.8	1
衣物柔顺剂	1	1.2	1.5	1.8	2
去离子水	加至100	加至100	加至100	加至100	加至100

制备方法　将各组分原料混合均匀即可。

原料介绍　所述防霉抑菌功效成分为黄连提取物、黄芩提取物、艾叶提取物、灵香草提取物，这四种功效成分比例为＝4：2：2：2。

所述黄连提取物是黄连乙醇提取物，所述黄芩提取物是黄芩乙醇提取物，所述艾叶提取物是艾叶乙醇提取物，所述香草提取物是香草乙醇提取物；用乙醇按提取物：混合原药＝10：1的比例提取。

产品应用　本品是一种婴幼儿用洗衣液。

产品特性　本品中加入的是从天然植物中提取的具有活性成分的物质，不仅能够抑制衣物生长细菌和霉菌，同时可降低洗衣液的刺激性，且洗涤后的衣物蓬松柔软、无静电，且强去污、低起泡、易漂洗、无残留，对环境无污染。

配方27　婴幼儿无磷专用洗衣液

原料配比

原料		配比（质量份）			
		1#	2#	3#	4#
烷基糖苷		12	43	30	12
椰油酰胺丙基甜菜碱		6	31	21	31
磺基琥珀酸月桂单酯二钠盐		5	18	15	5
增稠剂及其他助剂	羧甲基纤维素钠及异噻唑啉酮、色素和香精	0.06	—	—	—
	海藻酸钠及异噻唑啉酮、色素和香精	—	1	—	—
	黄原胶及异噻唑啉酮、色素和香精	—	—	0.6	—
	卡拉胶及异噻唑啉酮、色素和香精	—	—	—	1
去离子水		40	60	55	40

制备方法

（1）取去离子水总量的30％～40％加入到搅拌釜中，加热至70～80℃，边搅拌边加入椰油酰胺丙基甜菜碱、烷基糖苷、磺基琥珀酸月桂单酯二钠盐，溶解后搅拌0.5～1h使之混合均匀，得到表面活性剂原液；

（2）取去离子水总量的30％～40％加入到搅拌釜中，加热至50～60℃，边搅拌边加入增稠剂，持续搅拌至溶液均匀透明，得到增稠剂原液；

（3）将表面活性剂原液和增稠剂原液混合，补足余量的去离子水，加入其他助剂，全部溶解后，再调节pH值至6～8，即为婴幼儿专用洗衣液。

产品应用　本品是一种安全的婴幼儿无磷专用洗衣液。

产品特性　本产品采用天然绿色环保型表面活性剂，无磷，无荧光增白剂，泡沫细腻丰富，去污能力强，易于漂洗，pH呈中性，温和无刺激，不伤手，具有良好的钙皂分散力且性能温和安全，提高了硬水中洗涤的效果，使织物光亮、光滑、柔软有弹性，适合婴幼儿衣物的洗涤。

配方28 婴幼儿内衣专用洗衣液

原料配比

原料		配比（质量份）			
		1#	2#	3#	4#
脂肪醇聚氧乙烯醚月桂酰胺丙基甜菜碱		3	3	3	3
N,N-二(羟基乙基)椰油酰胺		2	2	2	2
AES		10	10	10	10
对氯间二甲苯酚		0.03	0.03	0.03	0.03
除螨剂	N,N-二乙基-2-苯基乙酰胺	0.3	—	0.3	0.3
	嘧螨胺	0.1	0.25		0.2
	乙螨唑	0.1	0.25	0.2	
去离子水		加至100	加至100	加至100	加至100

制备方法　在混合釜中，先加入去离子水，加热至70～80℃，在搅拌条件下，加入脂肪醇聚氧乙烯醚月桂酰胺丙基甜菜碱、N,N-二（羟基乙基）椰油酰胺和脂肪醇醚硫酸钠 AES 搅拌均匀，降温至30～40℃，按配方要求再加入除螨剂和对氯间二甲苯酚，搅拌均匀，即可得到内衣专用洗衣液。

产品应用　本品主要用于清洗婴儿衣物、尿布、内衣裤和保暖内衣等贴身衣物。

产品特性　本品去污力强，对金黄色葡萄球菌、大肠杆菌有明显的抑杀作用，适合清洗婴儿衣物、尿布、内衣裤和保暖内衣等贴身衣物。

配方29 用于婴幼儿衣物的中药洗衣液

原料配比

原料	配比（质量份）					原料	配比（质量份）				
	1#	2#	3#	4#	5#		1#	2#	3#	4#	5#
皂角	40	50	55	60	70	薄荷叶	6	7	9	11	12
猪苓	10	11	12	14	15	车桑子叶	5	7	9	10	12
草木灰	12	14	16	18	20	冬瓜片	10	11	12	13	14
艾叶	4	5	6	6	7	去离子水	60	80	130	170	200

制备方法

（1）首先将所需量的皂角、猪苓、草木灰粉碎，加入所需量半量的水混合后用大火进行煮制，沸腾后小火煮熬20～40min后冷却至室温。

（2）向上述混合溶液中加入冬瓜片后继续进行煮制，缓慢升温至80～100℃后小火煮熬10～20min趁热加入粉碎的艾叶、薄荷叶、车桑子叶以及余量的水，继续小火熬制至溶液有胶状感觉即可完成得到所需的中药洗衣液。缓慢升温的升温速度为 1～2℃/min。

产品应用　本品主要用于婴幼儿衣物的中药洗衣液。

产品特性　本产品较普通洗衣液具有温和无刺激、环保安全、杀菌功效强、制作工艺简单、无污染环境副产物产生的优点。

配方30　植物型婴儿洗衣液

原料配比

原料	配比(质量份)				原料	配比(质量份)			
	1#	2#	3#	4#		1#	2#	3#	4#
万寿菊精油	12	18	15	20	天然脂肪醇聚氧乙烯醚	2	3	2.5	2.5
椰油精华	5	8	9	10	橙油	3	5	2	4
小苏打	0.5	1	0.6	0.8	去离子水	70	80	75	80
天然脂肪醇	10	13	12	15					

制备方法　按照所述质量份称取各组分，45℃条件下，将其混合，匀速搅拌，即可得产品。

原料介绍　所述万寿菊精油提取自万寿菊叶。制备工艺包括如下制备步骤：

(1) 打浆：将万寿菊叶进行打浆。

(2) 萃取：打浆后，加入无水乙醇进行萃取，得萃取液；所述打浆的温度为 100℃。

(3) 干燥：向步骤 (2) 所述的萃取液中加入硫代硫酸钠进行干燥。

(4) 蒸馏：将干燥后的溶液进行常压蒸馏，除去无水乙醇，得到万寿菊精油。所述蒸馏的温度为 50℃。

产品应用　本品是一种植物型婴儿洗衣液。

产品特性　使用本品洗出的衣物柔软，有种香味；所涉及的组分均为天然成分，在衣物上面无残留，对婴儿皮肤不会造成刺激。夏天使用该种洗衣液之后，能够很好地防止蚊虫叮咬。

配方1　除螨护肤洗衣液

原料配比

原料	配比(质量份)					
	1#	2#	3#	4#	5#	6#
AES	8	15	10	12	9	14
脂肪醇聚氧乙烯醚	14	13	11	9	10	9
蛋白酶	1	2	1.5	1.5	2	1
抗菌防霉驱螨剂(MGU-350)	1	1.5	1.5	1.5	1	1
大蒜提取液	3	2.5	1.5	2	3	1
淘米水	1	2	3	4	1.5	2.5
维生素E	0.5	1	0.5	1	1	0.5
去离子水	50	60	65	55	52	58

制备方法　将以上成分按照比例混合后经消毒装置消毒后为成品。

原料介绍　所述的大蒜提取液包括蒜氨酸、环蒜氨酸和蒜素等。

所述的淘米水为二次淘米水,经过一定处理去除其杂质后产生。

产品应用　本品是一种无毒无刺激性的洗衣液。

产品特性　本产品具有较高的去污能力,并能有效抑螨灭螨,不添加荧光剂和刺激性化学物质,无毒无刺激,通过添加天然物质,降低洗衣液对人体皮肤的伤害,手感温和;使用方便,适应性强,适用于硬水、冷水和各种衣料的机洗和手洗;用于清洗衣服,不仅能够发挥现有洗衣液的良好去渍效果,而且还能够杀死螨虫。

配方2　除螨内衣洗衣液

原料配比

原料	配比(质量份)			原料	配比(质量份)		
	1#	2#	3#		1#	2#	3#
氢氧化钠	4	6	5	香精	2	4	3
硫酸钠	5	7	6	去离子水	4	9	7
十二烷基苯磺酸钠	3	6	5	荧光增白剂	2	5	4

续表

原料	配比(质量份)			原料	配比(质量份)		
	1#	2#	3#		1#	2#	3#
$C_{14} \sim C_{18}$脂肪酸甲酯磺酸钠	3	6	5	焦磷酸钠	2	5	3
二甲基硅油	3	6	4	氯化钠	1	4	2
烷基苯磺酸钠	15	22	18	三乙醇胺	1	3	2
十二烷基酚聚氧乙烯醚	1	6	4	乙二胺四乙酸二钠	4	5	4

制备方法 将各组分原料混合均匀即可。

产品应用 本品是一种除螨内衣洗衣液。

产品特性 本产品能够有效地杀螨除螨，性能温和，不会腐蚀皮肤；同时使衣物更加柔软。

配方3 除螨洗衣液

原料配比

原料		配比(质量份)	
		1#	2#
十二烷基二甲基甜菜碱		6	10
脂肪醇($C_{12} \sim C_{15}$)聚氧乙烯醚硫酸钠		9	11
脂肪醇聚氧乙烯醚	脂肪醇($C_{12} \sim C_{15}$)聚氧乙烯(7)醚	8	—
	脂肪醇($C_{12} \sim C_{15}$)聚氧乙烯(9)醚	—	9
直链烷基(C_{12})苯磺酸钠		6	8
抗菌防霉驱螨剂(MGU-350)		0.7	0.8
氢氧化钠		0.78	0.78
螯合剂	羟基亚乙基二膦酸	0.2	0.5
香精		0.1	0.1
氯化钠		1	3
去离子水		68.22	56.82

制备方法

(1) 依次加入计量好的去离子水、氢氧化钠，搅拌并升温至 60～70℃，再加入羟基亚乙基二膦酸、脂肪醇聚氧乙烯醚、十二烷基二甲基甜菜碱、脂肪醇聚氧乙烯醚硫酸钠、直链烷基苯磺酸钠，搅拌均匀，然后加入抗菌防霉驱螨剂(MGU-350)、氯化钠，搅拌使之溶解。

(2) 降温至 30℃以下，加入香精，搅拌使之溶解。

(3) 用 300 目滤网过滤后进行包装。

产品应用 本品是一种可有效去除多种污渍、杀死螨虫、除掉绝大多数螨虫过敏源的除螨洗衣液。

产品特性 本产品的除螨洗衣液去污力强，不损伤表面，并具有除螨之功效。本产品的除螨洗衣液克服了现有产品的缺点，除具有去污除螨的功效，杀死螨虫，还可以除掉绝大多数螨虫过敏源，去污力非常强，且稳定性好。

配方4 除螨安全洗衣液

原料配比

原料		配比（质量份）			
		1#	2#	3#	4#
N,N-双(3-氨丙基)十二烷胺		0.5	6	3.5	0.5
阴离子表面活性剂	烷基苯磺酸钠	6	—	—	31
	脂肪酸钾皂	—	31	—	—
	脂肪醇聚氧乙烯醚硫酸钠	—	—	28	—
非离子表面活性剂	烷基糖苷	12	—	30	—
	脂肪醇聚氧乙烯醚	—	43	—	12
增稠剂	氯化钠	0.1	0.5	0.3	0.5
螯合剂	柠檬酸钠	—	0.5	—	—
	羟基亚乙基二膦酸	0.1	—	0.2	0.1
去离子水		40	60	50	60

制备方法

（1）取去离子水总量的30%～40%加入到搅拌釜中，加热至70～80℃，边搅拌边先后加入阴离子表面活性剂、非离子表面活性剂以及 N,N-双（3-氨丙基）十二烷胺，溶解后搅拌0.5～1h使之混合均匀，得到表面活性剂原液；

（2）取去离子水总量30%～40%加入到搅拌釜中，加热至50～60℃，边搅拌边加入增稠剂，持续搅拌至溶液均匀透明，得到增稠剂原液；

（3）将表面活性剂原液和增稠剂原液混合，补足余量的去离子水，加入螯合剂，全部溶解后，再调节pH值至6～8，即为除螨洗衣液。

产品应用 本品是一种安全的除螨洗衣液。

产品特性

（1）本产品采用的表面活性剂具有强效去污、生物降解迅速、安全无害的优点。

（2）本产品采用的除螨剂具有极高的安全性、无毒、无刺激，以及极佳的长效耐水洗性能，通过抑制细菌、霉菌生长而断绝螨虫的营养源，达到切断螨虫生长繁殖的防螨效果。

配方5　低泡除菌洗衣液

原料配比

原料	配比(质量份)			原料	配比(质量份)		
	1#	2#	3#		1#	2#	3#
十二烷基苯磺酸钠	30	50	60	异丙苯磺酸钠	4	5	6
硬脂酸甘油酯	8	10	12	防腐剂	0.1	1	2.5
脂肪醇聚氧乙烯醚硫酸钠	2	4	5	植物提取液	4	6	8
硅酸钠	2	3	4	椰奶	4	7	10
生物酶	2	3	4	茶树油	1	2	3
甘油	2	4	6	去离子水	20	30	50
山梨醇	2	3	4	柠檬酸	适量	适量	适量

制备方法　将各组分原料混合均匀即可。

原料介绍　所述植物提取液由艾叶提取液、苦楝皮提取液、除虫菊提取液和薰衣草提取液按2∶1∶1∶2的质量比混合而成。

产品应用　本品是一种制备方便、去污能力强的低泡除菌洗衣液。

产品特性　本产品制备方便，去污能力强，起泡量低，绿色环保，不伤手，添加的植物提取液能有效去除衣物上的细菌，并保持清香的味道，适合清洗各种年龄段人群的衣物。

配方6　低泡抑螨洗衣液

原料配比

原料		配比(质量份)			
		1#	2#	3#	4#
十二烷基苯磺酸钠		8	8	8	8
AES		8	8	8	8
十二烷基二甲基氧化胺		2	2	2	2
十二烷基糖苷		1	1	1	1
除螨剂	N,N-二乙基-2-苯基乙酰胺	0.3	—	0.3	0.3
	嘧螨胺	0.1	0.25	—	0.2
	乙螨唑	0.1	0.25	0.2	—
水		加至100	加至100	加至100	加至100

制备方法　在混合釜中，先加入水，加热至70～80℃，在搅拌条件下，加入十二烷基苯磺酸钠、AES、十二烷基糖苷和十二烷基二甲基氧化胺搅拌均匀，降温至30～40℃，按配方要求再加入除螨剂，搅拌均匀，即可得到本品的低泡洗衣液。

产品应用　本品是一种低泡洗衣液。

产品特性　本品具有较高的去污能力，可有效降低泡沫，容易漂洗，并有效抑螨灭螨。

配方7　复合杀菌防霉的环保型洗衣液

原料配比

原料		配比（质量份）			
		1#	2#	3#	4#
阴离子表面活性剂	十二烷基苯磺酸钠	8	10	12	15
	脂肪醇聚氧乙烯醚硫酸钠	7	8	9	9
非离子表面活性剂	醇醚糖苷	7	10	3	4
	脂肪醇聚氧乙烯醚（AEO-9）	8	8	8	9
ε-聚赖氨酸盐酸盐		0.	0.6		0.2
纳他霉素		0.5	0.4	0.7	0.8
两性表面活性剂	月桂酰胺丙基甜菜碱	2	—	—	—
	十二烷基二甲基甜菜碱	—	3	3	3
抗再沉积剂	羧甲基纤维素钠	1	1.2	1.5	2
螯合剂	乙二胺四乙酸二钠	1	1	1.2	1.5
香精		0.1	0.1	0.1	0.15
去离子水		加至100	加至100	加至100	加至100

制备方法　将阴离子表面活性剂与去离子水加入搅拌釜中，加热到 $50\sim95℃$ 搅拌溶解，再加入非离子表面活性剂和两性表面活性剂，搅拌直至全部溶解。冷却后加入抗再沉积剂、螯合剂、ε-聚赖氨酸盐酸盐、纳他霉素、香精，调 pH 值在 $6\sim7$，全部溶解后即可得到复合杀菌防霉的环保型洗衣液。

产品应用　本品是一种复合杀菌防霉的环保型洗衣液。

产品特性

（1）本洗衣液去污性好、低毒、易于生物降解，安全环保。

（2）本产品具有良好的杀菌防霉和去污功能，配方合理，易生物降解，安全性高，无污染等特点。

配方8　高强去污抑菌护衣洗衣液

原料配比

原料	配比（质量份）				
	1#	2#	3#	4#	5#
月桂醇聚醚硫酸酯钠	3.5	1	15	2	5
抑菌提取物	2.5	10	1	3	2

续表

原料	配比(质量份)				
	1#	2#	3#	4#	5#
椰子油脂肪酸二乙醇酰胺	1.5	1	5	1	2
天然皂角	1.5	5	1	2	1
氯化钠	0.4	0.2	1.5	0.2	0.6
柔顺剂	0.4	1	0.3	0.5	0.3
天然椰油	0.4	0.3	1	0.3	0.5
茶皂素	0.4	1	0.3	0.5	0.3
乙二胺四乙酸二钠	0.35	0.2	1	0.2	0.5
椰油酰胺丙基甜菜碱	0.2	0.9	0.2	0.3	0.1
香精	0.15	0.6	0.1	0.2	0.1
柠檬酸	0.05	0.01	0.3	0.01	0.1
甲基异噻唑啉酮	0.01	0.01	0.01	0.01	0.01
去离子水	88.64	79	73	90	87

制备方法

(1) 按配比将去离子水、月桂醇聚醚硫酸酯钠、乙二胺四乙酸二钠和柠檬酸混合于乳化锅中，搅拌至完全溶解，得第一混合物。

(2) 按配比将椰子油脂肪酸二乙醇酰胺、天然皂角、天然椰油和茶皂素加入所述乳化锅内的第一混合物中，搅拌，得第二混合物；搅拌时间为 20～60min。

(3) 将所述第二混合物的温度调至 35～45℃时，将椰油酰胺丙基甜菜碱、柔顺剂和抑菌提取物加入所述第二混合物中，搅拌，得第三混合物；搅拌时间为 5～30min。

(4) 按配比将香精、氯化钠和甲基异噻唑啉酮加入所述第三混合物中，搅拌后降温，即得所述洗衣液。搅拌时间为 5～30min，所述降温为降至 35℃。

(5) 测试料体的稠度及 pH 值合格后，出料。

(6) 半成品密封后入静置间，静置两天。

(7) 待检验合格后，进行灌装、包装。

(8) 待成品检验合格后，产品入库。

原料介绍 所述柔顺剂为有机硅柔顺剂。

所述抑菌提取物提取自苦参、甜菊、棕榈、紫花地丁中至少一种。

产品应用 本品是一种高强去污抑菌护衣洗衣液。

产品特性 本产品通过选用月桂醇聚醚硫酸酯钠、抑菌提取物（提取自苦参、甜菊、棕榈、紫花地丁）、天然皂角和茶皂素（山茶提取）、乙二胺四乙酸二钠、天然椰油酰胺丙基甜菜碱等原料，并进行巧妙的质量配比，合成的洗衣液兼顾高强去污和抑菌护衣的双重功效，使衣物到达了洗、护合一的目的，而且绿色环保，性质温和，无磷不刺激，真正做到高强去污、抑菌、护衣、柔顺一步到位。

配方9　高效的杀菌洗衣液

原料配比

原料	配比（质量份）			原料	配比（质量份）		
	1#	2#	3#		1#	2#	3#
去离子水	6	12	8	螯合剂	2	6	4
乙醇	2	6	4	三聚磷酸钠	5	9	7
月桂基聚氧乙烯醚硫酸钠	10	25	17	脂肪酸皂	6	13	10
茶树油	4	10	7	碱性蛋白酶	2	5	3
烷基磺酸钠	5	14	9	次氯酸钠	20	35	27
乳酸钙	6	10	8	增稠剂	2	4	3
脂肪醇聚氧乙烯醚	8	12	10				

制备方法　将各组分原料混合均匀即可。

产品应用　本品是一种高效的杀菌洗衣液。

产品特性　本产品使衣物更加贴肤，安全高效地清洁和杀菌，并带有清香的味道。

配方10　高效环保杀菌洗衣液

原料配比

原料	配比（质量份）	原料	配比（质量份）
去离子水	39.9	椰油酸二乙醇酰胺（6501）	3
皂角苷粉	15	茶树油	5
烷基糖苷	20	桉叶油	8
脂肪酸甲酯磺酸钠	8	兰花香精	0.1

制备方法　将去离子水加入反应釜中将其温度加热至60℃，加入皂角苷粉，搅拌至完全溶解；依次加入烷基糖苷、脂肪酸甲酯磺酸钠、椰油酸二乙醇酰胺（6501），搅拌均匀后，将温度降至40℃；将溶液的pH值调至6.5～7.5，加入茶树油、桉叶油、香精，搅拌均匀，静置，消泡，进行分装，即可得到洗衣液。

产品应用　本品是一种高效环保杀菌洗衣液。

产品特性

（1）本产品去污力强，使用方便，在洗衣液去除衣物上的污垢的同时具备良好的杀菌功能，洗衣液中添加的杀菌剂，全部采用天然植物，采用现代生物技术，安全环保，技术含量高。

（2）本产品抗菌率≥90%，总活性物含量达25%；表面活性剂的生物降解度达98%，有很明显的杀菌除垢效果。

配方11　高效灭菌的节水型洗衣液

原料配比

原料	配比（质量份）			原料	配比（质量份）		
	1#	2#	3#		1#	2#	3#
去离子水	40	55	70	吐温20	20	10	5
苯扎氯铵	1	1	1	OP-10	21	16	10
薄荷醇	1	1	1	烷醇酰胺	15	15	10
草酸	2	2	3				

制备方法　向搅拌釜中加入去离子水，然后，分别加入苯扎氯铵、薄荷醇、草酸这三种固体物质进行搅拌，搅拌成水溶液，再分别加入乳化剂OP-10、吐温20、烷醇酰胺这三种液体物质继续搅拌，搅拌均匀为止，完成。

产品应用　本品主要应用于衣物洗涤领域。

产品特性　本产品为易于溶解在水中的洗衣液，使用时，用少量的清水就能将衣物漂洗干净，而且在本产品的配方中采用苯扎氯铵为高效杀菌剂，烷醇酰胺为增溶剂及衣物柔软剂，草酸能有效清除血迹、汗斑渍、奶渍，乳化剂OP-10能有效清除油渍。

配方12　高效杀菌洗衣液

原料配比

原料		配比（质量份）			
		1#	2#	3#	4#
中药杀菌剂		0.5	6	3	0.5
阴离子表面活性剂	烷基苯磺酸钠	6	—	—	—
	脂肪酸钾皂	—	31	—	—
	脂肪醇聚氧乙烯醚硫酸钠	—	—	15	31
非离子表面活性剂	烷基糖苷	12	—	25	—
	脂肪醇聚氧乙烯醚	—	43	—	12
增稠剂及其他助剂	羧甲基纤维素钠及荧光增白剂 CBS-X、异噻唑啉酮	0.06			
	海藻酸钠、黄原胶或卡拉胶及荧光增白剂 CBS-X、异噻唑啉酮、色素		1		
	黄原胶及荧光增白剂 CBS-X、异噻唑啉酮、色素和香精			0.45	1
去离子水		40	60	50	40

制备方法

（1）取去离子水总量的30%～40%加入到搅拌釜中，加热至70～80℃，边搅拌边先后加入阴离子表面活性剂、非离子表面活性剂以及中药杀菌剂，溶解后搅拌 0.5～1h 使之混合均匀，得到表面活性剂原液；

（2）取去离子水总量的 30%～40% 加入到搅拌釜中，加热至 50～60℃，边搅拌边加入增稠剂，持续搅拌至溶液均匀透明，得到增稠剂原液；

（3）将表面活性剂原液和增稠剂原液混合，补足余量的去离子水，加入其他助剂，全部溶解后，再调节 pH 值至 6～8，即为高效杀菌洗衣液。

原料介绍　所述中药杀菌剂的制备方法如下：将等重的艾叶、青蒿、黄芩、石榴皮、紫苏叶混合煎煮，过滤，滤液浓缩至 1～1.5g/mL，灭菌，即得。

所述其他助剂选自增白剂、防腐剂、色素和香精中的一种或多种。

产品应用　本品是一种安全高效的杀菌洗衣液。

产品特性　本产品泡沫细腻丰富，去污能力强，易于漂洗，pH 呈中性，温和无刺激，不伤手。本产品的杀菌效果达到 90% 以上，杀菌效果明显。

配方13　高效杀菌去污洗衣液

原料配比

原料	配比(质量份)	原料	配比(质量份)
去离子水	45	乙二胺四乙酸钠盐	0.3
脂肪醇聚乙烯醚硫酸钠	10	皂角蒸馏液	14
脂肪醇聚氧乙烯醚	20	杀菌剂	0.2
十二烷基二甲基甜菜碱	10	玫瑰香精	0.0001

制备方法　首先将去离子水加入反应釜中，将其温度加热至 70℃，然后依次加入阴离子表面活性剂、非离子表面活性剂、两性表面活性剂、增白剂搅拌均匀后，将温度降至 40℃，将溶液的 pH 值调至 6.5～7，加入皂角蒸馏液、杀菌剂、香精，搅拌均匀，搅拌转速可控制在 20～30r/min，将搅拌好的料液进行脱气，采用真空脱气，去除在搅拌溶解过程中形成的气泡，降低物料的含气量，对混合液进行分装，即可得到高效杀菌洗衣液。

原料介绍　所述的阴离子表面活性剂为十二烷基硫酸钠、脂肪醇聚乙烯醚硫酸钠中至少一种。

所述非离子表面活性剂为烷基酚聚氧乙烯醚、脂肪醇聚氧乙烯醚中至少一种。

所述的两性表面活性剂为十二烷基二甲基甜菜碱或十二烷基二甲基氧化胺中至少一种。

所述的皂角蒸馏液是将适量皂角加入 4 倍水浸泡后，进行蒸馏，得到与皂角质量相当的蒸馏液。

所述的增白剂为乙二胺四乙酸钠盐。

产品应用　本品是一种高效杀菌洗衣液。

产品特性　本产品不仅实现了洗衣液去除衣物上污垢的功能，而且洗涤能力出色，去污力强，使用方便，尤其是具备了良好的杀菌和消毒的功能。

配方14　高效无磷除菌洗衣液

原料配比

原料	配比（质量份）			原料	配比（质量份）		
	1#	2#	3#		1#	2#	3#
聚丙烯酸钠	10	14	18	椰油脂肪酸	5	31	10
皂酯酸钠	30	26	22	次氯酸钙	0.05	0.2	0.1
烷基苯磺酸钠	26	15	10	去离子水	加至100	加至100	加至100
烷基磷酸酯钾盐	1.25	3.25	6.5				

制备方法　将聚丙烯酸钠、皂酯酸钠、烷基苯磺酸钠、烷基磷酸酯钾盐、椰油脂肪酸、次氯酸钙和去离子水混合搅拌均匀即可。

产品应用　本品是一种高效无磷除菌洗衣液。

产品特性　本品洗涤能力强，轻松快速去除各种顽劣污渍，而且产品消除细菌、消灭螨虫的效果比较好。所述的洗衣液的生物降解度为97.5%，无任何污染。

配方15　高效抑菌杀菌洗衣液

原料配比

原料	配比（质量份）			原料	配比（质量份）		
	1#	2#	3#		1#	2#	3#
表面活性剂	17	20	20	石菖蒲精油	0.5	1	0.8
酸性助剂	1	3	2	砂仁精油	1	2	1.5
氢氧化钠	0.2	0.5	0.4	甘草提取物	1	2	1.5
螯合剂	0.3	0.5	0.4	茶皂素	0.6	1.5	1
鱼腥草提取物	3	6	5	薰衣草精油	0.4	0.8	0.6
防腐剂	0.2	0.4	0.3	薄荷精油	0.6	1.2	1
增稠剂	1	2	1.5	去离子水	加至100	加至100	加至100

制备方法　将各组分原料混合均匀即可。

原料介绍　所述表面活性剂选自脂肪酸聚氧乙烯酯、椰子油脂肪酸二乙醇胺、脂肪醇聚氧乙烯醚硫酸钠和十二烷基甜菜碱中的至少一种。

所述酸性助剂为柠檬酸和月桂酸的复配物。

所述螯合剂为乙二胺四乙酸和乙二胺四乙酸钠盐中的至少一种。

产品应用　本品是一种高效抑菌杀菌洗衣液。

产品特性　本品具有较强的去污力和较好的杀菌效果。

配方16　海洋生物除菌驱蚊洗衣液

原料配比

原料		配比（质量份）		
		1#	2#	3#
表面活性剂		20	35	20
pH 调节剂		0.7	2.5	2
植物精油		1.5	3	2.35
驱蚊酯		0.8	4	3
蛋白酶		0.2	1	1
海洋生物除菌剂		2	4	4
表面活性剂	脂肪醇聚氧乙烯醚硫酸钠（AES）	8～10	10	9
	椰子油酸二乙醇酰胺（6501）	7	9	8
	烷基糖苷（APG）	2	5	3
	脂肪醇聚氧乙烯醚（AEO-9）	2	4	4
	壬基酚脂肪醇聚氧乙烯醚（TX-10）	1	3	2
增稠剂	海藻酸钠	1.5	3	2
	海藻酸钾	2	4	3.5
洗涤助剂	氯化钠	0.2	0.5	0.3
	氯化钾	0.1	0.2	0.2
pH 调节剂	柠檬酸	0.5	1.5	1.2
	苹果酸	0.2	1	0.8
植物精油	迷迭香油	0.25	0.4	0.3
	桉叶油	0.15	0.4	0.3
	松针油	0.15	0.3	0.2
	薄荷油	0.4	0.6	0.5
	薰衣草油	0.08	0.1	0.08
	洋甘菊油	0.08	0.2	0.18
	丁香油	0.08	0.2	0.18
	百里香油	0.08	0.2	0.15
	香叶油	0.08	0.2	0.15
	玫瑰油	0.08	0.2	0.15
	香茅油	0.02	0.1	0.08
	刺柏油	0.05	0.1	0.08

制备方法

(1) 将表面活性剂溶于 35～40℃的反渗透纯净水中，待表面活性剂充分溶解后，再逐渐加入增稠剂和洗涤助剂，搅拌混合均匀得混合液 A；

(2) 向混合液 A 中加入海洋生物除菌剂，于 25～35℃温度条件下搅拌混合均匀得混合液 B；

(3) 向混合液 B 中加入 pH 调节剂、蛋白酶、驱蚊酯和植物精油，混合均匀得所述海洋生物除菌驱蚊洗衣液。

产品应用　本品是一种海洋生物除菌驱蚊洗衣液。

产品特性　本产品由于含有海洋生物除菌剂和采用植物精油提取物成分，因此，使用后，能够有效除菌，不含杀虫剂，且具有良好的驱蚊功效，对皮肤无毒、无刺激、无腐蚀。

配方17　含ε-聚赖氨酸的杀菌洗衣液

原料配比

原料		配比（质量份）			
		1#	2#	3#	4#
ε-聚赖氨酸		0.1	0.4	1	0.2
阴离子表面活性剂	烷基苯磺酸钠	14	—	12	—
	脂肪醇聚氧乙烯醚硫酸钠	—	16	—	—
	脂肪酸甲酯磺酸钠	—	—	—	14
非离子表面活性剂	椰油酸二乙醇酰胺	—	—	18	—
	脂肪醇聚氧乙烯醚	12	—	—	—
	谷氨酸月桂醇酯	—	—	—	10
	山梨醇酐烷基酸酯	—	11	—	—
两性表面活性剂	椰油酰胺丙基甜菜碱	—	—	4	—
	椰油基咪唑啉	8	—	—	—
	N-脂酰赖氨酸	—	5	—	—
	十二烷基二甲基甜菜碱	—	—	—	7
抗再沉积剂	聚乙烯醇	—	—	—	1.2
	羧甲基纤维素钠	1	—	—	—
	羟丙基甲基纤维素钠	—	1	—	—
	羟丁基甲基纤维素	—	—	0.5	—
螯合剂	EDTA-2Na	0.5	—	—	0.5
	柠檬酸钠	—	—	0.5	—
增稠剂	氯化钠	0.1	—	2	—
	月桂酰胺丙基氧化胺	—	0.5	—	2.5
香精		0.2	0.1	0.3	0.3
去离子水		64.1	66	61.7	64.3

制备方法

(1) 将准确计量的阴离子表面活性剂及去离子水加入到搅拌釜中，升温至60℃，搅拌至完全溶解；

(2) 缓慢加入准确计量的非离子表面活性剂和 ε-聚赖氨酸，搅拌直至其全部溶解，冷却，观察反应釜内至完全形成透明均一的溶液；

(3) 添加其他助剂，全部溶解后静置消泡，即制备得到含 ε-聚赖氨酸的杀菌洗衣液。

产品应用　本品是一种安全、高效的杀菌洗衣液。

产品特性　本产品的特点在于采用生物防腐剂 ε-聚赖氨酸作为杀菌活性成分，抑菌杀菌效果显著，对革兰氏阳性菌、阴性菌、霉菌、酵母、病毒均有灭活作用，安全性高，对皮肤无刺激性，去污力强，配方无磷，绿色环保。

配方18　含仙鹤草提取物的杀菌洗衣液

原料配比

原料		配比（质量份）				
		1#	2#	3#	4#	5#
阴离子表面活性剂	脂肪醇聚氧乙烯醚硫酸钠(70%)	10	8	8	5	—
	脂肪醇硫酸钠(70%)	—	—	—	5	5
	α-烯烃磺酸钠(30%)	—	—	5	—	8	8
阳离子表面活性剂	十六烷基三甲基氯化铵	0.5	—	—	—	—
	十八烷基三甲基氯化铵	—	—	—	0.6	—
	山嵛基三甲基氯化铵	—	0.6	—	—	—
	双山嵛基二甲基氯化铵	—	—	—	—	0.6
	双十八烷基二甲基氯化铵	—	—	0.4	—	—
非离子表面活性剂	脂肪醇聚氧乙烯(7)醚	5	6	6	6	6
	脂肪醇聚氧乙烯(9)醚	5	6	—	6	6
	椰子油脂肪酸二乙醇酰胺	—	—	4	—	—
	烷基糖苷(30%)	—	—	—	4	—
两性表面活性剂	椰油基丙基甜菜碱(30%)	5	—	—	—	—
	椰油基咪唑啉(30%)	—	4	5	4	3
	椰油酰胺丙基氧化胺(30%)	—	—	—	—	—
增稠剂	羟乙基纤维素	0.3	0.3	0.5	0.3	0.3
电解质	氯化钠	0.8	0.8	0.6	0.8	0.8
pH 调节剂	柠檬酸	0.1	0.1	0.1	0.1	0.1
香精		0.2	0.2	0.2	0.2	0.2
凯松		0.02	0.02	0.02	0.02	0.02
仙鹤草提取物		3	5	0.5	6	4
水		加至100	加至100	加至100	加至100	加至100

制备方法　将各组分原料混合均匀即可。

原料介绍　所述的仙鹤草提取物的制备方法如下：取仙鹤草为原料，经干燥、粉碎后，在 20～100℃ 的条件下，仙鹤草与水固液质量比为（1∶10）～（1∶50），浸取2～3h，浸取 1～3 次，滤出后合并浸取液，将浸取液浓缩至黏稠液体。浸取液经过浓缩后，加入乙醇至乙醇终浓度为≥60%，搅拌混合，沉淀，静置离心后，取上层清液浓缩，得仙鹤草提取物。

产品应用　本品是一种杀菌力强、安全、环保的洗衣液。

产品特性　本产品采用中草药仙鹤草提取物作为洗衣液的杀菌剂，具有良好的杀菌和抗菌作用，安全、环保。

配方19　含有海洋生物除菌成分的除菌洗衣液

原料配比

原料		配比（质量份）			
		1#	2#	3#	4#
海洋生物除菌剂		2	3.5	2.5	3
椰子油脂肪酸二乙醇酰胺		10	13	11	12
烷基糖苷		4	6	4.5	5.5
脂肪醇聚氧乙烯醚硫酸钠		6	8	6.5	7.5
乙二胺四乙酸二钠盐		0.5	1	0.6	0.8
氯化钠		0.5	1	0.6	0.8
香精		—	1	0.2	0.4
去离子水		77	66.5	74.1	70
海洋生物除菌剂	羧甲基壳聚糖	1	2	1.5	1.5
	海藻多糖	2	4	3	3
	杀菌肽	6	8	7	7
	N-乙酰胞壁质聚糖水解酶	1.5	3.5	2	2
	去离子水	89.5	82.5	86.5	86.5

制备方法

（1）向 35～45℃ 的去离子水中加入配比量的乙二胺四乙酸二钠，进行搅拌混合得混合液 A；

（2）向混合液 A 中加入椰子油脂肪酸二乙醇酰胺、烷基糖苷和脂肪醇聚氧乙烯醚硫酸钠，于 35～45℃ 的温度条件下进行搅拌混合得混合液 B；

（3）向混合液 B 中加入配比量的海洋生物除菌剂，于 25～35℃ 温度条件下搅拌混合均匀得所混合液 C；

（4）向混合液 C 中加入配比量的氯化钠和香精，混合均匀得所述含有海洋生物除菌成分的除菌洗衣液。

原料介绍　所述的海洋生物除菌剂可以按如下步骤制备：

(1) 向 30～35℃的水中加入配比量的羧甲基壳聚糖和海藻多糖，进行搅拌混合 10～20min 得混合液 A；

(2) 往混合液 A 中加入配比量的杀菌肽，搅拌混合的时间为 3～7min 得混合液 B；

(3) 往混合液 B 中加入配比量的 N-乙酰胞壁质聚糖水解酶，搅拌混合 3～7min 得所述海洋生物除菌剂。

产品应用　本品是一种含有海洋生物除菌成分的除菌洗衣液。

产品特性　本产品不仅具有优异的杀菌性能，而且去污力强。

配方20　含柚皮苷的强去污抗菌洗衣液

原料配比

原料	配比(质量份)		
	1#	2#	3#
柚皮苷	5	3	1
脂肪醇聚氧乙烯醚硫酸钠	5	10	15
壬基酚聚氧乙烯醚	10	5	20
甘油	3	2	1
十二烷基二甲基苄基氯化铵	1	3	5
烷基多苷	3	7	1
EDTA-2Na	1.5	0.1	3
单乙醇胺	0.3	2	1
二乙醇胺	2	1	0.3
三乙醇胺	1	0.3	2
油酸钾	1	7	3
油酸钠	3	1	7
油酸三乙醇胺	7	3	1
甲基异噻唑啉酮	0.1	0.2	0.1～0.3
去离子水	加至 100	加至 100	加至 100

制备方法

(1) 将柚皮苷溶于甘油中，备用。

(2) 将去离子水、脂肪醇聚氧乙烯醚硫酸钠溶解完全后，升温至 60～70℃，加入步骤 (1) 制得的溶液，混合均匀，加入壬基酚聚氧乙烯醚、十二烷基二甲基苄基氯化铵、烷基多苷、EDTA-2Na、单乙醇胺、二乙醇胺、三乙醇胺、油酸钾、油酸钠、甲基异噻唑啉酮，混合均匀；待温度冷却至 30～40℃，加入油酸三乙醇胺，混合均匀，制得洗衣液。

产品应用　本品是一种含柚皮苷的强去污抗菌洗衣液。

产品特性　本产品中添加了柚皮苷，柚皮苷作为一种双氢黄酮类化合物，具有很好的抗菌作用；再添加烷基多苷、阳离子表面活性剂，三者协同作用，使得抗菌效果明显增强，优于一般的洗衣液。

配方21　含中药成分的杀菌洗衣液

原料配比

原料		配比(质量份)					
		1#	2#	3#	4#	5#	6#
苯扎溴铵		10	20	16	18	18	12
脂肪醇聚氧乙烯醚		20	25	22	24	24	22
甜菜碱		20	25	222	23	23	23
山梨酸钾		1	6	3	4	4	4
海藻酸钠		1	4	3	2	2	3
壳聚糖		1	4	2	3	3	4
去离子水		10	35	25	30	30	20
pH 调节剂		2	10	8	6	6	5
中药提取物		2	5	3	2	2	4
中药提取物	大黄	3	2	2	3	3	2
	黄芩	1	1	1	1	1	1

制备方法

（1）将按质量份称取的去离子水分成等量的三份，取其中一份加入搅拌器中，加热至 55～68℃后，边搅拌边加入苯扎溴铵、脂肪醇聚氧乙烯醚和甜菜碱，继续搅拌，搅拌器转速为 30～40r/min，搅拌 35～45min；

（2）将按质量份称取的山梨酸钾、海藻酸钠和壳聚糖以及 1/3 的去离子水加入搅拌器中，搅拌器转速设为 20～30r/min，搅拌 20～35min；

（3）将浓度为 2g/mL 的大黄和黄芩的中药提取物以及余量的去离子水加入搅拌器中继续搅拌 20～35min 后，加入 pH 调节剂，调节 pH 值至 6～7，即得本产品的中药杀菌洗衣液。

原料介绍　所述的中药提取物为质量比为（2～3）∶1 的大黄和黄芩经提取后，浓度为 2g/mL 的提取液。

所述的中药提取物的提取方式为超临界二氧化碳萃取，工艺过程为：将按质量份称取的大黄和黄芩置于萃取罐中进行萃取，萃取过程的温度为 45～55℃，压力为 32MPa，当二氧化碳气体变为液态白色雾状时，加入浓度为 1.5% 的酒精，萃取 45～60min 后，过滤并收集萃取后的混合物，将其进行吸附，吸附后即得大黄和黄芩的提取物。

产品应用　本品是一种含中药成分的杀菌洗衣液。

产品特性　本产品中中药提取物的提取方式为超临界二氧化碳萃取，与水煎煮相比，各种有效成分在加压条件下，更易被提取出来，中药的利用率高，杀菌和抑菌效果更好，安全性高，并具有一种特殊的中药香味，不需再添加其他香料。

配方22　护色除菌洗衣液

原料配比

原料	配比（质量份）	原料	配比（质量份）
过氧化氢	5	香精	0.2
双氧水稳定剂	0.3	色素	0.006
2,6-二叔丁基对甲苯酚（BHT）	0.1	增白剂	0.2
脂肪醇聚氧乙烯醚（AEO-9）	8	防水密封润滑脂 CP-5	1
脂肪醇聚氧乙烯醚（AEO-7）	7	去离子水	加至 100
陶氏 DOW2A1 表面活性剂	1		

制备方法

（1）在配制缸中，依次加入所需量的各种原料、抗氧化剂，升温至 40℃，搅拌 10min，至抗氧化剂全部溶解；

（2）将所需量的去离子水加入配制缸中，搅拌均匀，冷却至 30℃以下；

（3）加入所需量的双氧水稳定剂，搅拌 10min，搅拌均匀；

（4）加入所需量的过氧化氢，搅拌 5min，搅拌均匀；

（5）半成品取样检测后过滤、陈化处理，成品抽样检测、灌装、成品包装。

产品应用　本品是一种护色除菌洗衣液。

产品特性　本品既能除菌，又能对有色织物护色，使用安全性高，消毒剂成分在洗晒后无残留。

配方23　环保杀菌型洗衣液

原料配比

原料	配比（质量份）
环保杀菌剂（二烯丙基二硫醚、二烯丙基三硫醚含量80%）	0.5
十二烷基苯磺酸钠	12
脂肪醇醚硫酸钠（70%AES）	2
十二烷基硫酸钠	2
聚天冬氨酸（40%）	2
二乙二醇丁醚	0.5
壬基酚聚氧乙烯醚（TX-10）	1
羧甲基纤维素钠	1
甲基香兰素	0.1
去离子水	加至 100

制备方法　将各组分原料混合均匀即可。

原料介绍　所述的环保杀菌剂是二烯丙基二硫醚，或是二烯丙基三硫醚，或是二烯丙基四硫醚，或是二烯丙基单硫醚，或是上述两种或多种二烯丙基硫醚的混合物。二烯丙基单硫醚、二烯丙基二硫醚、二烯丙基三硫醚和二烯丙基四硫醚是大蒜精油的主要成分，是天然存在的杀菌剂，使用安全，对环境不造成污染，是绿色环保的杀菌剂。

产品应用 本品是一种环保杀菌型洗衣液。

产品特性 本产品采用大蒜精油的主要成分二烯丙基单硫醚、二烯丙基二硫醚、二烯丙基三硫醚和二烯丙基四硫醚，是绿色环保的杀菌剂，杀菌快速、使用安全，对环境不造成污染，无毒、易于生物降解，对人体和环境更安全。

配方24 加酶抗菌洗衣液

原料配比

原料	配比（质量份）		原料	配比（质量份）	
	1#	2#		1#	2#
十二烷基苯磺酸钠	10	20	银杏叶萃取液	10	15
聚丙烯酸钠	30	15	虎耳草萃取液	5	14
磺酸钠	4	4	酶	4	4
柠檬酸	10	5	去离子水	加至100	加至100

制备方法 将各组分原料混合均匀即可。

产品应用 本品是一种加酶抗菌洗衣液。

产品特性 本产品生产工艺简单，设备投资少，生产成本大大降低，且去污能力强，同时能在洗涤后的衣物表面形成一层保护膜，防止细菌的滋生。

配方25 具有植物杀菌功能的洗衣液

原料配比

原料		配比（质量份）		
		1#	2#	3#
脂肪酸聚氧乙烯酯		10	15	10
月桂酸钠		15	15	20
紫花地丁提取液		3	5	3
生姜提取液		2	5	3
增稠剂	羧甲基纤维素钠增稠剂	2	—	—
	氯化钠	—	2	4
柠檬酸钠		0.2	0.4	0.5
柔顺剂氨乙基亚氨丙基聚硅氧烷		1	1.5	2
防腐剂	硼砂	0.2	0.3	0.3
	水溶性维生素E乙酸酯	0.2	0.2	0.2
去离子水		加至100	加至100	加至100

制备方法

(1) 启动配制罐搅拌，加入预加热熔化的脂肪酸聚氧乙烯酯和月桂酸钠加热升温；温度升至 55～75℃，搅拌至全部熔化并均匀透明。

(2) 加入去离子水，搅拌 10～30min 至均匀；停止加热，降温至 40℃±5℃，顺序加入紫花地丁提取液、生姜提取液，搅拌 5～10min。

(3) 加入去离子水，并开始液料降温，使液料温度保持在 20～30℃，搅拌使均匀透明后，再顺序加入柠檬酸钠、柔顺剂，搅拌至溶解，搅拌 10～20min 后再加入增稠剂、防腐剂；半成品取样检测合格后，放出废液后用 300 目滤网过滤，调节 pH 值为 6.5～7.0，陈化处理。

(4) 抽样检测，灌装，成品包装。

原料介绍

所述紫花地丁的提取方法是：将紫花地丁粉碎成过 60～80 目筛的药粉，用 8 倍药粉质量的、体积分数为 75% 的乙醇浸泡 0.5h，回流提取 2 次，第 1 次 1.5h，第 2 次 1h；弃去滤渣，得提取液，提取液减压浓缩至无醇味待用。

所述生姜提取物的制备方法为：生姜与乙醇按照质量比为 1:(10～20) 粉碎混合后，超声处理 20～50min，过滤去渣，滤液蒸干，残渣加甲醇使其溶解。

产品应用 本品是一种具有植物杀菌功能的洗衣液。适用于儿童衣物的清洗和孕妇内衣及贴身衣物的清洗。

产品特性

(1) 本产品将表面活性剂与植物提取物组合使用，产生了显著的协同作用，显示了极好的去污能力，并具有良好的抗菌杀菌性能，其温和无刺激、生物降解性好，是一种环保安全无毒的洗涤剂。

(2) 本产品配方温和，适于机洗和手洗，去污力强，用量省，易漂洗，省水省时，不含磷、苯、酚等对人体有毒的物质，不添加荧光增白剂，安全环保。

配方26　抗菌洗衣液

原料配比

原料		配比（质量份）			
		1#	2#	3#	4#
表面活性剂		20	40	30	45
助洗剂	柠檬酸钠	2	3	1	2.5
香精	肉桂香精	0.02	—	—	—
	玫瑰香精	—	0.8	—	—
	留兰香香精	—	—	0.3	0.7
去离子水		40	65	50	55
抑菌剂	茶多酚	5	4	5	—
	丁香酚	—	4	2.5	4
	蒽醌	—	—	2.5	4

续表

原料		配比（质量份）			
		1#	2#	3#	4#
表面活性剂	椰油酰胺丙基甜菜碱	10	25	20	20
	十八烷基二甲基胺乙内酯	45	40	30	43
	十六烷基吡啶	45	35	50	37

制备方法

（1）将去离子水放入反应器中，加热至 55～65℃，依次放入椰油酰胺丙基甜菜碱、十八烷基二甲基胺乙内酯和十六烷基吡啶，放入的同时不断搅拌；

（2）冷却至 47～52℃后，放入抑菌剂，搅拌均匀，在 40～45℃保持25～40min；

（3）冷却至常温后加入助洗剂和香精，搅拌均匀后即制得成品。

产品应用　本品主要是一种抗菌洗衣液，具有杀菌能力强、杀菌范围广、不伤害皮肤、易降解的优点。

产品特性　本产品含有多种表面活性剂，去污能力强；采用天然抑菌成分，具有良好的杀菌功能，同时不容易产生耐药性；制备方法简单，成本低，使用不污染环境，不伤害皮肤，不影响人体健康。

配方27　抗菌无刺激洗衣液

原料配比

原料		配比（质量份）			
		1#	2#	3#	4#
纳米银	100nm 单体纳米银	0.3	0.3	0.2	0.2
	0.5nm 配位态纳米银	—	—	—	—
天然植物源抗菌剂	柠檬提取物	0.6	—	0.3	—
	芦荟提取物	—	0.4	—	0.2
阴离子表面活性剂	烷基苯磺酸钠	10	5	10	5
	脂肪醇聚醚硫酸钠	10	10	5	10
	脂肪酸甲酯磺酸钠	—	5	—	5
	α-烯基磺酸钠	—	—	5	—
非离子表面活性剂	脂肪醇聚氧乙烯醚	5	5	5	—
	椰油酰二乙醇酰胺	—	—	—	—
	烷基多糖苷	5	—	—	5
	烷基多糖	—	—	—	—
	异构醇聚氧乙烯醚	—	5	—	—
	脂肪酸甲酯乙氧基化物	—	—	5	5

续表

原料		配比(质量份)			
		1#	2#	3#	4#
荧光增白剂	双三嗪类二苯乙烯衍生物	—	—	0.3	0.2
	双苯乙烯-联苯型增白剂	0.1	0.1	—	—
乙二胺四乙酸二钠		0.1	—	0.1	0.1
柠檬酸钠		—	1	—	—
pH 值调节剂柠檬酸		0.1	—	0.05	0.01
香精		0.3	0.3	0.3	0.5
去离子水		68.5	67.9	68.75	68.79

制备方法　将水加热至 60～70℃，加入阴离子表面活性剂、非离子表面活性剂、荧光增白剂和螯合剂，混合均匀后用 pH 值调节剂调节 pH 值为 7.5～8.5，降低温度至 30～40℃，加入香精和复合抗菌剂混合均匀，得到抗菌洗衣液。

原料介绍　所述的复合抗菌剂包含纳米银和天然植物源抗菌剂。

所述的纳米银和天然植物源抗菌剂的质量比优选为（1:5）～（1:1）。

所述的天然植物源抗菌剂优选为芦荟提取物和柠檬提取物中的至少一种。

产品应用　本品是一种抗菌洗衣液。

产品特性

（1）本产品采用以纳米银和天然植物源抗菌剂的复合物作为抗菌剂，由于纳米银和天然植物源抗菌剂的抗菌协同效应，其抗菌活性大幅提高，能有效去除大肠杆菌、金黄色葡萄球菌等细菌。

（2）本产品的原料易得，制备工艺简单，成本低，可应用于工业化大生产。制备得到的抗菌洗衣液抗微生物效率高、无毒、无刺激、环境友好、易生物降解。

配方28　抗菌易漂洗洗衣液

原料配比

原料	配比(质量份)	原料	配比(质量份)
烷基胺类杀菌剂	1～15	异丙醇	0.1～5
脂肪醇聚氧乙烯醚硫酸钠	5～20	络合剂	0.5～5
脂肪醇聚氧乙烯醚	2～15	防腐剂	0.1～0.5
椰油酰胺丙基氧化胺	3～15	香精	0.01～0.1
二丙二醇甲醚	3～30	去离子水	加至100

制备方法　将各组分原料混合均匀即可。

原料介绍　所述的烷基胺类杀菌剂为双氨乙基十二烷胺、双氨丙基十二烷胺、双氨丙基辛基胺、双氨丙基癸基胺中的一种或多种。

所述的络合剂为氨基琥珀酸钠或乙二胺四乙酸钠。

所述的防腐剂为异噻唑啉酮、碘代丙炔基氨基甲酸丁酯、乙内酰脲和苯甲酸钠中的一种或多种。

产品应用　本品是一种抗菌洗衣液。

产品特性　本产品去污效果显著，易漂洗，用后在衣服上低残留，无刺激性，同时对常见菌具有一定的杀灭作用，是一种高效的抗菌洗衣液。

配方29　抗菌强力去污洗衣液

原料配比

原料	配比（质量份）		原料	配比（质量份）	
	1#	2#		1#	2#
纳米 TiO_2	0.8	1	CMC	2	1.5
AES	10	13	香精	0.1	0.1
AEO-9	5	6	色素	0.1	0.1
甜菜碱	8	6	去离子水	74	72.3

制备方法

(1) 首先将纳米 TiO_2 加入去离子水中，超声分散 2h，制备纳米 TiO_2 的悬浮液。

(2) 然后在混合釜中加入余量水，升温至 70℃，加入 AES、AEO-9 和甜菜碱，搅拌，再加入 CMC，搅拌均匀，降温至 30℃。

(3) 最后再加入纳米 TiO_2 的悬浮液、香精和色素，搅拌均匀，即得抗菌洗衣液。

产品应用　本品是一种抗菌洗衣液。

产品特性　本产品洗衣液制备工艺简单，洗衣液的去污能力强，成本低。抗菌效果好，抗菌能力持久。

配方30　抗菌型洗衣液

原料配比

原料		配比（质量份）					
		1#	2#	3#	4#	5#	6#
阴离子表面活性剂	脂肪醇聚氧乙烯醚硫酸酯	150	—	66	—	79	—
	烷基苯磺酸盐	—	50	39	88	56	96
非离子表面活性剂	C_{12}醇聚氧乙烯醚	25					
	C_{15}醇聚氧乙烯醚		10	—	—	44	98

续表

原料		配比（质量份）					
		1#	2#	3#	4#	5#	6#
非离子表面活性剂	C_{13}醇聚氧乙烯醚	—	—	100	100	—	—
	C_{14}醇聚氧乙烯醚	100	—	—	—	—	—
	C_{10}醇聚氧乙烯醚	—	10	—	—	67	67
	C_{11}醇聚氧乙烯醚	—	—	38	100	—	—
阳离子表面活性剂	N-脱氢枞基-N,N,N-三甲基硫酸甲酯铵	40	2	—	17	—	—
	N-脱氢枞基-N,N-二甲基-N-羟乙基氯化铵	—	3	—	—	13	36
	N-脱氢枞基-N,N-二甲基-N-苄基氯化铵	—	—	27	21	17	—
溶剂	丙三醇	150	50	117	130	110	108
抗再沉积	丙烯酸均聚物	10	1	4	9	9	7
增稠剂	甲壳胺	—	1	1	3	—	—
	海藻酸钠	7	—	2	—	—	6
	瓜尔胶	3	—	—	3	5	—
消毒剂	对氯间二甲苯酚	40	1	50	22	12	33
高活性铈银介孔复合抗菌剂		1	3	3	3	3	2
纳米 TiO_2 抗菌剂		3	2	1	1	3	2

制备方法　将各组分原料混合均匀即可。

产品应用　本品是一种能够实现抗菌杀菌且具有良好人体亲和性和环境亲和性的抗菌型洗衣液。

产品特性　在该抗菌型洗衣液中添加高活性铈银介孔复合抗菌剂，通过介孔材料和抗菌活性材料的组合，使得抗菌活性材料能够均匀地分散在需要除菌的环境中，从而能够有效地杀灭衣物上的细菌；该抗菌型洗衣液中还添加有纳米 TiO_2 抗菌剂，在洗涤完成后，纳米 TiO_2 抗菌剂还能够部分附着在衣物上，起到持久抑菌的作用，从而获得了长效的抗菌效果；通过阴离子表面活性剂、阳离子表面活性剂和非离子表面活性剂的混合使用，能够适配各种不同类型的污渍，从而能够充分地洗去衣物上的各种污渍，起到了良好的清洁效果。

配方31　抗菌型强力去污洗衣液

原料配比

原料		配比（质量份）	
		1#	2#
烷基胺类杀菌剂	双氢丙基十二烷胺	5	10
脂肪醇聚氧乙烯醚硫酸钠	脂肪醇聚氧乙烯醚硫酸钠-3	15	10
脂肪醇聚氧乙烯醚	脂肪醇聚氧乙烯(9)醚	15	5
	脂肪醇聚氧乙烯(3)醚	—	10

续表

原料		配比（质量份）	
		1#	2#
椰油酰胺丙基氧化胺		10	15
二丙二醇甲醚		5	10
异丙醇		1	2
络合剂	氨基琥珀酸钠	2	2
防腐剂	甲基异噻唑啉酮	0.2	0.5
香精		0.01	0.01
去离子水		加至100	加至100

制备方法　将各组分原料混合均匀即可。

产品应用　本品是一种具有杀菌功能的抗菌型洗衣液。

产品特性　本产品去污力强、成本低、杀菌效果好、易漂洗、不刺激皮肤。该抗菌洗衣液外观为浅黄色黏稠液体，可有效去除织物上的污渍，且对金黄色葡萄球菌、绿脓杆菌和白色念珠菌有较好的杀灭作用。

配方32　抗皱杀菌洗衣液

原料配比

原料		配比（质量份）		
		1#	2#	3#
表面活性剂		18	35	20
皂粉		0.3	1.5	1.5
丙二醇		0.5	1.5	0.5
酶制剂		0.6	1	1.2
鱼腥草提取物		2	5	2
防腐剂		0.3	0.2	0.2
增稠剂		1.5	1.5	2
柠檬酸钠		0.8	0.5	0.5
无水氯化钙		0.01	0.03	0.05
抗皱剂	丁烷四羧酸	0.6	—	—
	丁烷四羧酸、柠檬酸、马来酸	—	4	—
	马来酸、聚马来酸	—	—	4
竹叶黄酮		0.005	0.03	0.005
甘草提取物		1	1	2
酯基季铵盐	1-甲基-1-油酰胺乙基-2-油酸基咪唑啉硫酸甲酯铵	3	3	2
烷基糖苷		2	5	5
茶皂素		0.6	0.6	1.5
薰衣草精油		0.4	0.8	0.8
去离子水		加至100	加至100	加至100

制备方法 将各组分原料混合均匀即可。

原料介绍 所述鱼腥草提取物的制备方法，包括以下步骤：

(1) 选材：所用的原料为鱼腥草、湖北海棠叶和罗汉果，将原料清洗干净。

(2) 加热回流提取：将鱼腥草、罗汉果、湖北海棠叶置于 80～100℃热水中进行提取，提取时间为 1～3h，原料与水质量比为 1：4，通过油水分离器收集挥发油，得到的提取液和挥发油即为鱼腥草提取物。

产品应用 本品是一种洗衣液。

产品特性 本产品可对天然纤维织物的衣物进行柔化，减少其起皱，对人体无刺激同时具有杀菌的功效。

配方33 可同时杀菌去污的抗菌洗衣液

原料配比

原料	配比（质量份）				
	1#	2#	3#	4#	5#
脂肪醇聚氧乙烯(7)醚(AEO-7)	8	20	5	3	8
脂肪醇聚氧乙烯(9)醚(AEO-9)	15	5	20	5	15
聚六亚甲基双胍 pHMB(20%)	2.5	15	3	0.8	0.5
十二烷基二甲基苄基氯化铵 1227(45%)	4	5	12	1	1
短支链型脂肪醇聚氯乙烯(8)醚(XL-80)	4	8	2	2	—
脂肪醇聚氧乙烯(5)醚(AEO-5)	3	2	5	0.3	2.5
柠檬香精	0.2	0.2	0.2	0.2	0.2
去离子水	63.3	44.8	52.8	87.7	72.8

制备方法

(1) 化料

① 将 40%～50% 的 65～75℃去离子水加入化料釜中，然后分别加入上述的可同时杀菌去污的抗菌洗衣液配方中所述的脂肪醇聚氧乙烯（7）醚 AEO-7、脂肪醇聚氧乙烯（9）醚 AEO-9、脂肪醇聚氧乙烯（5）醚 AEO-5、短支链型脂肪醇聚氯乙烯（8）醚 XL-80 搅拌均匀。

② 等温度降到 45～50℃左右时，加入上述的可同时杀菌去污的抗菌洗衣液配方中所述的聚六亚甲基双胍 pHMB、十二烷基二甲基苄基氯化铵 1227 及部分剩余的去离子水搅拌均匀。

③ 冷却至 35～40℃，调节原液 pH 值至 6.0～8.0，加入上述可同时杀菌去污的抗菌洗衣液配方中所述的柠檬香精。

④ 搅拌均匀后过滤，静置备用。过滤是采用 200 目尼龙筛网过滤。

(2) 将所述的化料后的可同时杀菌去污的抗菌洗衣液进行检测、灌装、贴标、检测装箱。

产品应用 本品是一种可同时杀菌去污的抗菌洗衣液。

产品特性 本产品具有较强的杀菌效果和较强的去污力。

配方34 芦荟抑菌洗衣液

原料配比

原料	配比(质量份)		原料	配比(质量份)	
	1#	2#		1#	2#
脂肪醇聚氧乙烯醚	20	15	柠檬酸	5	3
十二烷基苯磺酸钠	10	8	芦荟提取液	8	6
α-烯基磺酸钠	10	8	野菊花提取物	3	2
辛癸基糖苷	2	1	去离子水	加至100	加至100
乙醇	2	1			

制备方法

(1) 取水总量的60%加入到搅拌釜中,加热至60℃,加入脂肪醇聚氧乙烯醚、十二烷基苯磺酸钠、α-烯基磺酸钠、辛癸基糖苷搅拌至完全溶解,得混合溶液A。

(2) 待混合溶液A冷却至30℃时,加入乙醇、柠檬酸、芦荟提取液、野菊花提取物及剩余水,搅拌均匀后静置2~3h,即得成品。

产品应用 本品是一种芦荟抑菌洗衣液。

产品特性

(1) 所述芦荟提取液具有消炎杀菌、抑制炎症、滋润皮肤等作用。

(2) 所述野菊花提取物具有清热消毒消肿的功效,对链球菌、流感病毒等均有抑制作用。

(3) 本产品洁净衣物的同时亦能对衣物抑菌、保护手部肌肤。

配方35 牛仔服专用除菌洗衣液

原料配比

原料	配比(质量份)		
	1#	2#	3#
褐藻酸	2~3	2.5~3	2~2.8
蛋白分解酶	1~2	1.5~2	1~1.5
纳米硅酸盐-丙烯酸共聚物复合无磷助洗剂	4~5	4.5~5	4~4.8
多羧基氧化淀粉	1~2	1.5~2	1~1.5
EDTA-2Na	1~1.5	1.2~1.5	1~1.5
氯化钠	1~2	1.5~2	1~1.5
柠檬酸	4~5	4.5~5	4~4.8
脂肪醇聚氧乙烯醚硫酸钠	4~5	4.5~5	4~4.6

续表

原料	配比（质量份）		
	1#	2#	3#
椰子油酸烷醇酰胺	4～5	4.5～5	4～4.7
抗静电剂	2～3	2.5～3	2～2.6
棉籽柔顺剂	2～3	2.5～3	2～2.8
去离子水	加至100	加至100	加至100

制备方法

(1) 可变速混合器中按配比将褐藻酸、柠檬酸、EDTA-2Na、抗静电剂、棉籽柔顺剂、氯化钠、脂肪醇聚氧乙烯醚硫酸钠、椰子油酸烷醇酰胺缓缓加入水中混合均匀；

(2) 依次加入纳米硅酸盐-丙烯酸共聚物复合无磷助洗剂，搅拌均匀；

(3) 再按配比加入已溶化好的多羧基氧化淀粉，搅拌，以避免产生大量的气泡，进行乳化反应；

(4) 冷却后加蛋白分解酶搅拌均匀；

(5) 检测合格后，分装。

产品应用 本品主要用于牛仔服专用除菌洗衣液。

产品特性 本产品为高效、中性、柔顺、护色、防污垢二次沉积纳米复合配方。快速进入纤维深层将各类顽垢瓦解。添加的柔顺、防静电、护色、留香等原料使衣物更柔顺滑爽、减少沾污、更不易褪色、色彩层次更分明、除菌去味、香气怡人。中性护肤配方，可用于手洗。用量省，只需更少用量就可以达到满意的洗涤效果。节水环保，低泡、防污垢二次沉积配方，可减少漂洗次数，从而更节水更环保。

配方36 杀菌除螨洗衣液

原料配比

原料	配比（质量份）			原料		配比（质量份）		
	1#	2#	3#			1#	2#	3#
60%LAS溶液	22	20	24	氯化钠		0.3	0.2	0.3
月桂基酰胺丙基甜菜碱	10	12	8	颜料		0.2	0.3	0.1
6501烷基醇酰胺	12	10	15	杀菌剂		6	8	5
椰子油脂肪酸甘氨酸钾	6	8	5	淘米水		25	25	22
椰子油酸二乙醇	6	4	8	杀菌剂	侧柏叶	15	12	19
聚苯乙烯乳胶	4	6	2		栀子	15	18	12
香精	0.3	0.2	0.5		远志	22	20	25
无患子果皮	8	6	10		蛇床子	37	40	32
柠檬酸	0.2	0.3	0.1		姜黄	11	10	12

制备方法

（1）将无患子果皮除虫消毒后晾干；

（2）用开水浸泡 16～20h 后与淘米水同锅煮，煮 20～30min，10～20 目筛网滤筛后晾凉；

（3）将步骤（2）后的淘米水混合物加入电加热真空搅拌器中；

（4）边搅拌边加入 60%LAS 溶液、月桂基酰胺丙基甜菜碱、6501 烷基醇酰胺、椰子油脂肪酸甘氨酸钾、椰子油酸二乙醇、聚苯乙烯乳胶，搅拌器转速为 20～30r/min，搅拌时间为 25～35min；

（5）加入杀菌剂，温度升到 65～75℃，加压搅拌，压力为 0.15～0.25MPa，搅拌器转速为 50～60r/min，搅拌时间为 30～40min；

（6）常温常压下加入香精、柠檬酸、氯化钠、颜料，搅拌器转速为 20～30r/min，搅拌时间为 10～15min，即可。

原料介绍　所述杀菌剂是将按照比例的蛇床子、侧柏叶、栀子、姜黄、远志采用超临界二氧化碳萃取后，浓度为 0.5～2g/mL 的提取液，其成分的质量份配比为：侧柏叶 12～19，栀子 12～18，远志 20～25，蛇床子 32～42，姜黄 10～18。

所述的杀菌剂的制备方法，包括以下步骤：

（1）将蛇床子、侧柏叶、栀子、姜黄、远志按照比例置于萃取罐中，萃取温度为 50～60℃，压力为 18～22MPa。

（2）当二氧化碳气体变为液态白色雾状时，加入浓度为 2%～3% 的酒精，萃取 40～50min 后，过滤并收集萃取后的混合物，进行吸附后即可。

产品应用　本品是一种杀菌除螨洗衣液，配方温和、去污力强，无污染，不刺激皮肤，杀菌除螨效果好。

产品特性　本产品配方温和、去污力强，泡沫丰富，易漂洗，杀菌除螨效果好，无副作用，衣料不褪色，不刺激皮肤，无污染。

配方37　杀菌防霉柔顺洗衣液

原料配比

原料		配比（质量份）				
		1#	2#	3#	4#	5#
去离子水		80	85	90	95	100
阴离子表面活性剂	脂肪醇聚氧乙烯醚硫酸钠	15	—	—	19	—
	十二烷基苯磺酸钠	—	16	—	—	20
	α-烯烃磺酸钠	—	—	18	—	—
亲水基表面活性剂		8	9	10	11	12
烷基酰胺基丙基氧化胺		8	8.5	9	9.5	10
脂肪醇醚硫酸盐		5	6	8	9	10

续表

原料		配比(质量份)				
		1#	2#	3#	4#	5#
非离子表面活性剂	脂肪醇聚氧乙烯(7)醚	5	—	—	—	—
	脂肪醇聚氧乙烯(9)醚	—	6	—	—	—
	脂肪醇聚氧乙烯(3)醚	—	—	8	—	—
	椰子油脂肪酸二乙醇酰胺	—	—	—	9	—
	异构醇聚氧乙烯醚	—	—	—	—	10
乙醇		3	3.5	4	4.5	5
甜菜碱		1	1.2	1.5	1.8	2
全能乳化剂		0.5	0.8	1	1.2	1.5
阳离子增稠剂		0.5	0.8	1	1.2	1.5
蛋白酶		0.3	0.35	0.4	0.45	0.5
防腐剂		0.2	0.25	0.3	0.35	0.4
胍盐类杀菌剂	聚六亚甲基胍的盐酸盐	0.1	—	—	—	—
	聚六亚甲基双胍的盐酸盐	—	0.15	—	—	—
	聚六亚甲基胍的硫酸盐	—	—	0.2	—	—
	聚六亚甲基双胍的硫酸盐	—	—	—	0.25	—
	聚六亚甲基胍的磷酸盐	—	—	—	—	0.3
香精		0.1	0.15	0.2	0.25	0.3
茶树油		0.1	0.15	0.2	0.25	0.3
色素		0.02	0.025	0.03	0.035	0.04
高泡精		0.02	0.025	0.03	0.035	0.04
拉丝粉		0.02	0.025	0.03	0.035	0.04

制备方法

(1) 按照质量份称取各原料；

(2) 选取配方中去离子水质量的 70%～80%，加热至 40～50℃后加入非离子表面活性剂、阴离子表面活性剂和亲水基表面活性剂，搅拌均匀，得到表面活性剂溶液；

(3) 在步骤 (2) 得到的表面活性剂溶液中加入烷基酰胺基丙基氧化胺、脂肪醇醚硫酸盐、乙醇、甜菜碱和全能乳化剂，搅拌均匀后，降温至 20～30℃，得到混合溶液；

(4) 在步骤 (3) 后的混合溶液中加入阳离子增稠剂、蛋白酶、防腐剂、胍盐类杀菌剂、香精、茶树油、色素、高泡精和拉丝粉，再加入剩余的去离子水，搅拌 30～40min 后过滤，即得到所述的洗衣液。

原料介绍　所述胍盐类杀菌剂为聚六亚甲基胍和聚六亚甲基双胍的盐酸盐、硫酸盐或磷酸盐。

产品应用　本品是一种杀菌防霉柔顺洗衣液。

产品特性　本产品不但具有强力去垢的优点，同时可以使衣服柔顺、不起静电，不伤害皮肤；将非离子型表面活性剂、阴离子型表面活性剂与亲水基表面活性剂配比使用，获得了良好洗涤效果，加入胍盐类杀菌剂和乙醇，不但能够起到杀灭菌源的作用，还具备在一定的时间内在潮湿环境下有效抑制细菌、霉菌生长的作用。

配方38　杀菌防霉洗衣液

原料配比

原料		配比(质量份)				
		1#	2#	3#	4#	5#
非离子型表面活性剂	聚氧乙烯月桂醇(9)醚	8	5	10	6	7
阴离子型表面活性剂	十二烷基苯磺酸钠	10	12	8	9	11
亲水基表面活性剂	十二烷基硫酸钠	10	8	12	9	11
乙醇		5.5	6	5	5.5	5.5
硫酸钠		4	3	5	3.5	4.5
荧光增白剂		0.4	0.6	0.3	0.5	0.4
胍盐类杀菌剂	聚六亚甲基胍的盐酸盐	0.5	—	—	—	—
	聚六亚甲基双胍的盐酸盐	—	0.1	—	—	—
	聚六亚甲基胍的硫酸盐	—	—	1	—	—
	聚六亚甲基双胍的硫酸盐	—	—	—	0.4	—
	聚六亚甲基胍的磷酸盐	—	—	—	—	0.6
去离子水		61.6	65.3	58.7	66.1	60

制备方法　在混合釜中，先按照上述比例加入水，加热至75℃，在搅拌条件下，依次按比例加入非离子型表面活性剂、十二烷基苯磺酸钠、硫酸钠和亲水基表面活性剂搅拌均匀，降温至35℃，再按比例加入乙醇、荧光增白剂和胍盐类杀菌剂，搅拌均匀，即可得到本产品的洗衣液。

产品应用　本品是一种具有杀菌防霉功效的洗衣液。

产品特性

(1) 将非离子型表面活性剂、阴离子型表面活性剂与亲水基表面活性剂配比使用，获得了良好洗涤效果；

(2) 加入胍盐类杀菌剂和乙醇，不但能够起到杀灭菌源的作用，还具备在一定的时间内在潮湿环境下有效抑制细菌、霉菌生长的作用；

(3) 对衣物和皮肤不产生伤害。

配方39　杀菌洗衣液

原料配比

原料	配比（质量份）	
	1#	2#
月桂基两性甘氨酸钠	10	20
羟乙基纤维素醚季铵盐	10	15
椰油酰胺丙基甜菜碱	10	12
十二烷醇聚氧乙烯聚氧丙烯聚氧乙烯醚	20	30
柠檬酸钠	5	5
丁香酚	5	5
粒径为15～25nm的纳米银	5	5
去离子水	100	100

制备方法

（1）将月桂基两性甘氨酸钠、羟乙基纤维素醚季铵盐，椰油酰胺丙基甜菜碱，十二烷醇聚氧乙烯聚氧丙烯聚氧乙烯醚溶于少量去离子水中，再加入纳米银，搅拌，得到悬浊液；

（2）在步骤（1）得到溶液中加入杀菌剂丁香酚和配合剂柠檬酸钠加热至80℃，同时搅拌均匀；

（3）在步骤（2）得到的溶液中加入剩余的去离子水后搅拌均匀、降温，待消泡降温后分装，得到所述洗衣液。

产品应用　本品是一种杀菌洗衣液。

产品特性　本产品洗衣液与水任意比例混配，具有优异的去油脱污和杀菌的功效，且可生物降解，无污染；同时本产品中采用的月桂基两性甘氨酸钠、羟乙基纤维素醚季铵盐、椰油酰胺丙基甜菜碱、十二烷醇聚氧乙烯聚氧丙烯聚氧乙烯醚之间具有复配作用，效果优于单一使用非离子表面活性剂、阳离子表面活性剂、阴离子表面活性剂或两性离子表面活性剂，并且丁香酚具有杀菌效果，添加了香精，清洗后味道清新。使用中具有优异的去油脱污能力，且可生物降解，无污染；不会腐蚀和损伤皮肤，达到节水和高效的去污目的。

配方40　杀菌消毒洗衣液

原料配比

原料		配比（质量份）			
		1#	2#	3#	4#
阴离子表面活性剂	脂肪醇聚氧乙烯醚硫酸钠（70%）	12	10	10	10
	十二烷基苯磺酸钠（70%）	—	—	—	5
	脂肪醇硫酸钠	—	—	—	—

续表

原料		配比(质量份)			
		1#	2#	3#	4#
阳离子表面活性剂	十六烷基三甲基氯化铵	0.2	—	—	—
	十八烷基三甲基氯化铵	—	0.6	—	—
	山嵛基三甲基氯化铵	—	—	0.6	1
	双十八烷基二甲基氯化铵	—	—	—	—
	双山嵛基三甲基氯化铵	—	—	—	—
非离子表面活性剂	脂肪醇聚氧乙烯(7)醚	15	16	10	—
	脂肪醇聚氧乙烯(9)醚	5	8	8	—
	椰油酸二乙醇酰胺	—	—	2	—
	烷基多糖苷(51%)	—	—	—	6
两性表面活性剂	椰油酰胺丙基甜菜碱(30%)	5	—	—	—
	椰油基咪唑啉(30%)	—	—	—	6
	椰油酰胺丙基氧化胺(30%)	—	—	—	4
高分子增稠剂	羟丙基瓜尔胶三甲基氯化铵	—	0.5	—	—
	阳离子羟乙基纤维素	0.4	—	—	—
	羟乙基纤维素	—	—	0.5	0.5
电解质	氯化钾	1	—	—	—
	氯化钠	—	1.5	0.5	0.8
	硫酸钠	—	—	—	—
竹叶、桑叶提取物		4	5	1	5
香精		0.2	0.2	0.2	0.2
凯松		0.02	0.02	0.02	0.02
水		加至100	加至100	加至100	加至100
竹叶、桑叶提取物	竹叶、桑叶	1	1	1	1
	95%乙醇	—	—	20	20
	水	20	20	—	—
	氯仿	1.5	1.5	4	4
	浸取液	1	1	1	1

制备方法 将各组分原料混合均匀即可。

原料介绍 所述的竹叶、桑叶提取物的制备方法一如下:

分别取竹叶、桑叶为原料,经干燥粉碎后,在25～100℃的条件下,竹叶、桑叶与水的质量体积比为(1∶20)～(1∶50),浸取2～4次,每次2～3h,合并浸取液;氯仿萃取,氯仿与浸取液的体积比为(1.5～4)∶1,取出氯仿层浓缩,分别得到竹叶、桑叶的提取物,竹叶提取物和桑叶提取物按照质量比1∶1混合。

所述的桑叶、竹叶提取物的制备方法二如下:

分别取竹叶、桑叶为原料,经干燥粉碎后,在20～80℃的条件下,竹叶、桑叶与浓度≥95％乙醇的质量体积比为（1∶20）～（1∶50），加热回流2～4次，每次2～3h，合并滤液，浓缩至无醇味，氯仿萃取，氯仿与浸取液的体积比为（1.5～4）∶1，取出氯仿层浓缩，分别得到竹叶、桑叶提取物，竹叶提取物和桑叶提取物按照质量比1∶1混合。

产品应用　本品是一种含有植物提取物的杀菌消毒洗衣液。

产品特性　本产品中的竹叶和桑叶是常见的绿色植物的叶子，竹叶和桑叶中的黄酮等具有一定杀菌作用，采用竹叶、桑叶提取物作为洗衣液的杀菌剂，具有良好的杀菌作用，特别对金黄色葡萄球菌和大肠杆菌等具有一定的杀伤力；本产品配方合理，没有刺激性，去污效果显著，具有良好的杀菌和消毒功能，安全环保无污染。

配方41　洗衣房专用生物除菌洗衣液

原料配比

原料	配比（质量份）		
	1#	2#	3#
海洋生物α-螺旋杀菌肽	2～3	2.5～3	2～2.7
碱性蛋白酶	1～2	1.5～2	1～1.8
纳米硅酸盐-丙烯酸共聚物复合无磷助洗剂	4～5	4.5～5	4～4.8
多羧基氧化淀粉	1～2	1.5～2	1～1.6
EDTA-2Na	1～1.5	1.5～1.5	1～1.3
氯化钠	1～2	1.5～2	1～1.7
阳离子聚氧乙烯脲	4～5	4.5～5	4～4.8
去离子水	加至100	加至100	加至100

制备方法

（1）可变速混合器中按配比将阳离子聚氧乙烯脲缓缓加入水中混合均匀；

（2）依次加入海洋生物α-螺旋杀菌肽、纳米硅酸盐-丙烯酸共聚物复合无磷助洗剂和多羧基氧化淀粉，去离子水加至100，搅拌均匀；

（3）再按配比加入氯化钠、EDTA-2Na，搅拌，以避免产生大量的气泡，进行乳化反应；

（4）冷却后加碱性蛋白酶搅拌均匀；

（5）检测合格后，分装。

产品应用　本品主要用于洗衣房专门清洗高档、可水洗的衣料，如棉织物、毛织物、丝织物和高级混纺织物等，不仅具有超凡的洁净能力，还具有良好的除菌消毒作用。

产品特性

（1）洗涤能力出色，去污能力强；

（2）对常见的有害微生物尤其致病菌有强烈的杀灭作用，洗涤后保证织物不含菌；

（3）洗涤后柔软蓬松效果好；

（4）使用浓度低，对织物和皮肤均无损伤，稳定性好；

（5）无磷无铝的中性配方，对环境无污染；

（6）织物防静电性和再湿润性好，并且无损伤、泛黄、变形。

配方42　消毒洗衣液

原料配比

原料		配比（质量份）			
		1#	2#	3#	4#
十二烷基二甲基苄基溴化铵		10	15	12	10
双十八烷基二甲基氯化铵		5	10	8	10
亚乙基油酸酰胺乙二胺盐酸盐		5	10	8	5
脂肪醇聚氧乙烯醚		8	15	12	15
增稠剂	卡波姆	0.1	—	—	—
	卡拉胶	—	—	—	0.1
	羧甲基纤维素钠	—	0.5	—	—
	黄原胶	—	—	0.3	—
螯合剂	柠檬酸钠	—	0.5	—	0.5
	羟基亚乙基二膦酸	0.1	—	0.3	—
增白剂	乙二胺四乙酸钠	—	—	0.4	0.2
去离子水		80	95	90	95

制备方法

（1）取去离子水总量的30%～40%加入到搅拌釜中，加热至70～80℃，边搅拌边先后加入十二烷基二甲基苄基溴化铵、双十八烷基二甲基氯化铵、亚乙基油酸酰胺乙二胺盐酸盐和脂肪醇聚氧乙烯醚，溶解后搅拌0.5～1h使之混合均匀，得到表面活性剂原液；

（2）取去离子水总量的30%～40%加入到搅拌釜中，加热至50～60℃，边搅拌边加入增稠剂，持续搅拌至溶液均匀透明，得到增稠剂原液；

（3）将表面活性剂原液和增稠剂原液混合，补足余量的去离子水，加入螯合剂和增白剂，全部溶解后，再调节pH值至6.0～8.0，即为消毒洗衣液。

产品应用　本品是一种消毒洗衣液。

产品特性　本产品采用三种阳离子表面活性剂和非离子表面活性剂进行复配，且通过独特的配比，达到协同抗菌的效果，不仅能有效杀灭革兰氏阳性菌和革兰氏阴性菌，还能杀灭真菌，杀菌效果好。

配方43　抑菌除螨洗衣液

原料配比

原料	配比（质量份）			
	1#	2#	3#	4#
十二烷基二甲基甜菜碱	6	5	10	5
月桂酰基甲基牛磺酸钠	8	5	10	10
木质素磺酸钠	4	3	5	3
对甲氧基脂肪酰胺基苯磺酸钠	4	3	5	5
三乙醇胺	2	0.5	3	0.5
硼酸钠	2	0.5	3	3
氯化钠	3	1	5	1
柠檬酸钠	1	0.5	2	2
复合酶	1	0.5	2	0.5
纳米二氧化钛	1.5	0.5	2	2
壳聚糖	1	0.5	2	0.5
乳化剂	3	1	5	5
螯合剂	1	0.5	2	0.5
有机溶剂	8	5	10	10
聚乙烯吡咯烷酮	0.3	0.1	0.5	0.1
羟丙基甲基纤维素	0.2	0.1	0.5	0.5
香精	0.2	0.1	0.5	0.1
增稠剂	3	1	5	5
山梨醇	2	1	3	1
去离子水	75	50	100	100

制备方法

（1）按质量份称取各原料备用。

（2）向反应釜中加入去离子水，升温到 50～70℃，然后开始搅拌，并依次加入聚乙烯吡咯烷酮、羟丙基甲基纤维素、乳化剂以及纳米二氧化钛，所述的搅拌速度为 100～200r/min，搅拌时间为 20min。

（3）步骤（2）完成后，向反应釜中依次加入十二烷基二甲基甜菜碱、月桂酰基甲基牛磺酸钠、木质素磺酸钠以及对甲氧基脂肪酰胺基苯磺酸钠，搅拌 30min 后，调节反应釜内反应液的 pH＝7～8；所述的搅拌速度为 100～200r/min。

（4）步骤（3）完成后，将反应釜降温至 35℃，依次加入柠檬酸钠、复合酶以及山梨醇，搅拌 10min，然后加入三乙醇胺、硼酸钠、螯合剂以及氯化钠，再搅拌 10min；所述搅拌速度为 100～200r/min。

（5）步骤（4）完成后，依次向反应釜中加入壳聚糖、有机溶剂、香精、增稠剂，搅拌 20min，所述搅拌速度为 100～200r/min，即得。

原料介绍　所述的复合酶为碱性蛋白酶、α-淀粉酶、外切葡聚糖酶，三者的质量比为2：1：2。

所述的乳化剂为月桂醇聚氧乙烯醚和硬脂酸聚氧乙烯酯，二者的质量比为1：2。

所述的螯合剂为酒石酸钠和葡萄糖酸钠，二者的质量比为1：1。

所述的有机溶剂为乙醇、乙二醇单丁醚和甘油，三者的体积比为2：1：1。

所述的香精为薄荷油、桉树油、柠檬油、茉莉精油、玫瑰油或者丁香油。

所述的增稠剂为黄原胶、卡拉胶或者角叉菜胶。

所述的木质素磺酸钠的重均分子量为2000～6000。

产品应用 本品是一种抑菌除螨洗衣液。

产品特性 该抑菌除螨洗衣液去污力强，同时具有显著的杀菌和除螨作用，无副作用，衣料不褪色，不刺激皮肤，无污染。

配方44　抑菌清香内衣洗衣液

原料配比

原料	配比（质量份）			原料	配比（质量份）		
	1#	2#	3#		1#	2#	3#
十二烷基苯磺酸钠	6	9	7	碳酸钠	3	4	3
烷醇磷酸酯	4	9	6	聚丙烯酸钠	2	6	4
三聚磷酸钠	10	15	12	酶	1	2	1
月桂酰单乙醇胺	4	7	5	椰子油酰胺丙基甜菜碱	3	6	5
聚丙二醇	2	4	3	六偏磷酸钠	2	5	4
乙二胺四乙酸	6	9	7	溶菌酶	2	4	3
脂肪酸二乙醇胺	1	5	2	磺酸	3	5	4

制备方法 将各组分原料混合均匀即可。

产品应用 本品是一种抑菌清香内衣洗衣液。

产品特性 本产品溶解速度快，易漂易洗，不会伤及皮肤和衣物，而且可以清除衣物的异味。

配方45　抑菌洗衣液

原料配比

原料		配比（质量份）	
		1#	2#
表面活性剂	烷基糖苷	10	5
	脂肪酸钾皂	—	8
	烷基苯磺酸钠	25	10
金银花提取物		3	1

续表

原料		配比（质量份）	
		1#	2#
野菊花提取物		2	3
增稠剂	卡拉胶	0.5	—
	羧甲基纤维素钠	—	0.1
防腐剂		0.5	0.2
香料		0.2	0.1
去离子水		65	50

制备方法　将各组分原料混合均匀即可。

产品应用　本品是一种抑菌洗衣液。

产品特性　本产品采用金银花和野菊花这两种植物杀菌成分，能够有效抑菌，且环保无污染。

配方46　抑菌护肤洗衣液

原料配比

原料		配比（质量份）				
		1#	2#	3#	4#	5#
十二烷基苯磺酸钠		3	6	4	5	4.5
十二烷基二甲基甜菜碱		10	3	8	4	6
脂肪醇(C_{12})聚氧乙烯醚硫酸钠		3	8	4	6	5
脂肪醇(C_{12})聚氧乙烯醚		6	2	5	3	6
羟乙基纤维素		0.5	1	0.6	0.8	0.7
中药药液		加至100	加至100	加至100	加至100	加至100
中药药液	丁香蓼	15	25	18	22	20
	欧绵马	12	8	11	9	10
	山姜	5	12	7	10	8
	木槿子	10	3	8	5	7
	鸟尾丁	10	20	10	20	15
	香排草	8	3	8	3	6
	盐肤木皮	8	8	8	15	12
	铁棒锤	15	8	15	8	12
	红根草	8	15	8	15	12
	蓼子草	8	3	6	5	6
	红刺玫根	2	5	3	4	4
	花葱	12	8	10	9	10
	牡荆子	10	15	12	15	12
	铁色箭	10	3	8	5	6
	大枣	3	8	6	6	6

制备方法

（1）制备中药药液，按照配比称取各中药组分，加入中药总质量 5～10 倍的水，加热煎制，直至水的量减少为加入量的 1/3～1/4，滤除药渣，滤液即为中药药液；

（2）将中药药液冷却至 50～60℃，然后向中药药液中加入十二烷基苯磺酸钠、十二烷基二甲基甜菜碱、脂肪醇聚氧乙烯醚硫酸钠、脂肪醇聚氧乙烯醚和羟乙基纤维素；

（3）充分搅拌均匀，得抑菌洗衣液。

产品应用 本品是一种具有抑菌功效，且抑菌范围广的洗衣液。

产品特性 本产品去污能力强，且具有抑菌、抗病毒的作用，抑制范围广泛；同时，本产品的洗衣液具有抗氧化的作用，保护皮肤和衣物。

配方47 抑菌高效洗衣液

原料配比

原料		配比（质量份）	
		1#	2#
表面活性剂	脂肪醇聚氧乙烯醚硫酸盐	20	—
	脂肪醇聚氧乙烯醚	—	34
NaCl		0.3	0.5
蛋白酶		0.8	0.5
卡松		0.1	0.15
艾叶提取物		0.4	0.6
对氯间二甲苯酚		0.4	0.8
香精		0.1	0.1
水		加至 100	加至 100

制备方法

（1）在搅拌器中注入去离子水，搅拌均匀。

（2）加入表面活性剂，搅拌均匀；在搅拌过程中还对溶液进行均质。

（3）再加入 NaCl，调节液体黏度。

（4）依次加入蛋白酶、卡松、艾叶提取物、对氯间二甲苯酚和香精，搅拌均匀出料静置。

产品应用 本品是一种抑菌洗衣液。

产品特性 本产品抑菌效果好，衣物表面活性剂残留少，洗涤效果优异。采用艾叶提取物和对氯间二甲苯酚配合的效果远优于单独采用对氯间二甲苯酚的杀菌效果。

配方48　抑菌去污洗衣液

原料配比

原料		配比（质量份）			
		1#	2#	3#	4#
AEO-9		5	5	5	5
MES		8	8	8	8
AES		4	4	4	4
氯化十六烷基吡啶		0.03	0.03	0.03	0.03
除螨剂	N,N-二乙基-2-苯基乙酰胺	0.3	—	0.3	0.3
	嘧螨胺	0.1	0.25	—	0.2
	乙螨唑	0.1	0.25	0.2	—
水		加至100	加至100	加至100	加至100

制备方法　在混合釜中，先加入水，加热至70～80℃，在搅拌条件下，加入AEO-9、MES、AES和氯化十六烷基吡啶搅拌均匀，降温至30～40℃，按配方要求再加入除螨剂，搅拌均匀，即可得到本品的抑菌洗衣液。

产品应用　本品是一种抑菌洗衣液。

产品特性　本品的抑菌洗衣液具有较高的去污能力，能够有效抑菌，并有效抑螨灭螨。

配方49　抑菌除异味洗衣液

原料配比

原料	配比（质量份）			
	1#	2#	3#	4#
月桂醇聚氧乙烯(3)醚磺基琥珀酸单酯二钠	28	29	32	28
醇醚羧酸盐	8	12	7	7
脂肪醇聚氧乙烯醚硫酸盐	7	6	10	10
羟丙基甲基纤维素	0.2	0.2	0.3	0.3
AEO-9	3	4	2	2
PCMX	1.5	2.3	2	1.8
GXL 防腐剂	0.2	0.15	0.1	0.18
丙二醇	5	7	3	5
蛋白酶	0.5	0.7	0.5	0.6
亮蓝	0.3	0.4	0.4	0.3
香精	0.5	0.5	0.5	0.5
去离子水	45.8	37.75	43	44.32

制备方法

(1) 在搅拌器中注入适量水，再加入月桂醇聚氧乙烯（3）醚磺基琥珀酸单酯二钠搅拌至完全溶解；再加入醇醚羧酸盐和 AEO-9，搅拌均匀；加入月桂醇聚氧乙烯（3）醚磺基琥珀酸单酯二钠的搅拌速度为 25～35r/min。

(2) 将羟丙基甲基纤维素用少量的水分散，搅拌均匀后加入搅拌器中，搅拌至完全溶解。

(3) 将脂肪醇聚氧乙烯醚硫酸盐加热到 45～55℃，然后与对氯间二甲苯酚（PCMX）混合搅拌溶解，再加入香精搅拌均匀，最后一同加入到搅拌器中搅拌；在搅拌器中搅拌的时间为 12～18min。

(4) 将丙二醇和蛋白酶混合，搅拌均匀后加入到搅拌器中搅拌；在搅拌器中搅拌的时间为 4～6min。

(5) 最后在搅拌器中加入 GXL 防腐剂、亮蓝进行搅拌，然后静置。以转速 30～50r/min 搅拌 25～35min。

产品应用　本品是一种抑菌洗衣液，用于贴身衣物的洗涤。

产品特性　本产品的主要杀菌成分为对氯间二甲苯酚（PCMX），是一种广谱的防霉抗菌成分，对多数革兰氏阳性、阴性菌，真菌，霉菌都有杀灭功效，本产品通过对 PCMX 的浓度进行恰当限定，使得洗衣液具有很好的杀菌效果。本品具有吸附异物、去除异味、抗菌消炎、自动清洁的功能，另外配方较为简单，使用安全，可用于贴身衣物的洗涤。

配方50　植物抑菌除螨洗衣液

原料配比

原料		配比（质量份）			
		1#	2#	3#	4#
莲花提取物		0.5	6	3.5	6
野菊花提取物		0.1	5	2.5	0.1
除螨杀菌植物提取液 R301		0.1	0.5	0.25	0.5
阴离子表面活性剂	烷基苯磺酸钠	6	—	—	—
	脂肪酸钾皂	—	31	—	—
	脂肪醇聚氧乙烯醚硫酸钠	—	—	15	6
非离子表面活性剂	烷基糖苷	12	—	22	—
	脂肪醇聚氧乙烯醚	—	43	—	43
增稠剂及其他助剂	羧甲基纤维素钠及异噻唑啉酮、色素和香精	0.06	—	—	—
	海藻酸钠及异噻唑啉酮、色素和香精	—	1	0.1	—
	卡拉胶及异噻唑啉酮、色素和香精	—	—	—	0.06
去离子水		40	60	50	60

制备方法

(1) 取去离子水总量的 30%～40%加入到搅拌釜中，加热至 70～80℃，边搅拌边先后加入阴离子表面活性剂、非离子表面活性剂以及莲花提取物、野菊花提取物和除螨杀菌植物提取液 R301，溶解后搅拌 0.5～1h 使之混合均匀，得到表面活性剂原液；

(2) 取去离子水总量的 30%～40%加入到搅拌釜中，加热至 50～60℃，边搅拌边加入增稠剂，持续搅拌至溶液均匀透明，得到增稠剂原液；

(3) 将表面活性剂原液和增稠剂原液混合，补足余量的去离子水，加入其他助剂，全部溶解后，再调节 pH 值至 6～8，即为植物抑菌除螨洗衣液。

产品应用　本品是一种安全的植物抑菌除螨洗衣液。

产品特性

(1) 本产品采用天然植物精华和绿色环保型表面活性剂，无磷，无荧光增白剂。

(2) 泡沫细腻丰富，去污能力强，易于漂洗，pH 呈中性，温和无刺激，不伤手。

四、功能性洗衣液

配方1 蛋白酶超浓缩洗衣液

原料配比

原料		配比(质量份)				
		1#	2#	3#	4#	5#
非离子表面活性剂		22	19	19	15	17
阴离子表面活性剂		11	11	15	15	14
高活性生物蛋白酶		0.1	0.1	—	0.2	0.8
高活性复合蛋白酶		—	0.1	0.1	0.1	—
三乙醇胺		1	2	1	1	2
柠檬酸钠		1	0.5	0.8	0.6	0.6
精制盐		0.8	1	0.8	0.6	0.6
去离子水		63.9	66.1	63	67.3	64.8
香精		0.2	0.2	0.3	0.2	0.2
色素		适量	适量	适量	适量	适量
非离子表面活性剂	脂肪醇聚氧乙烯(7)醚	13	—	10	10	—
	脂肪醇聚氧乙烯(3)醚	—	5	4	—	5
	脂肪醇聚氧乙烯(9)醚	4	10	—	—	8
	椰子油脂肪酸二乙醇酰胺	5	—	—	5	4
	异构醇聚氧乙烯醚	—	4	—	—	—
	烷基糖苷	—	—	5	—	—
阴离子表面活性剂	脂肪醇聚氧乙烯醚硫酸钠	10	6	—	5	10
	α-烯烃磺酸钠	1	—	10	5	4
	十二烷基苯磺酸钠	—	5	5	5	5

制备方法

(1) 选取配方中去离子水质量的 70%～80%，加热至 40～50℃后加入非离子表面活性剂和阴离子表面活性剂，搅拌均匀，得到表面活性剂溶液；

(2) 在步骤 (1) 得到的表面活性剂溶液中加入三乙醇胺、柠檬酸钠，搅拌均匀后，降温至 30℃以下，得到混合溶液；

(3) 在步骤 (2) 后的混合溶液中加入蛋白酶和精制盐，加入剩余的去离子水，搅拌均匀后过滤，即得到所述的洗衣液。还可加入香精和色素。

产品应用　本品是一种蛋白酶超浓缩洗衣液。

产品特性

(1) 本产品偏中性,体系的 pH 值为 7.5～8 之间,性质温和,无刺激,所用的表面活性剂均属于无刺激的原料,故手感柔和,洗后不会留下碱性残留,不会导致皮肤过敏等症状,对织物也不会有损伤,同时又易溶于水,使用方便,用量便于控制,便于储存,使用方便。

(2) 本产品有效活性成分含量不低于 31%,远远高于普通的洗衣液。

(3) 本产品功能性较强,一种洗衣液可以当作多种洗涤剂使用,还具柔软杀菌和护色的功能。

(4) 本产品使用的表面活性剂具有稳泡效果,去污力效果远远优于一般的洗衣液产品,泡沫少,两次漂洗即可达到无碱性残留。

(5) 本产品充分利用到阴离子表面活性剂与非离子表面活性剂的协同增效作用,对污渍的去除效果好,不留任何污渍残留痕迹。

配方2　低泡抗皱柔软洗衣液

原料配比

原料	配比(质量份)			
	1#	2#	3#	4#
脂肪醇聚氧乙烯醚	8	20	20	16
脂肪醇聚氧乙烯醚硫酸钠	22	6	10	12
1-甲基-1-油酰胺乙基-2-油酸基咪唑啉硫酸甲酯铵	1	2	1.5	1
C_8～C_{10}烷基糖苷	3	2	3	4
皂粉	1	1	1.3	1.3
无水氯化钙	0.02	0.02	0.02	0.02
柠檬酸钠	2	2	2	2
小麦蛋白/聚硅氧烷共聚物(商品名称 Coltide His,禾大公司生产)	2	2	2	1
丙二醇	2	2	2	2
防腐剂(桑普 K15,北京桑普生物科技公司生产)	0.1	0.1	0.1	0.1
丽波脂肪酶(诺维信公司)	0.3	0.3	0.3	0.3
超强蛋白酶 16XL(诺维信公司)	0.3	0.3	0.3	0.3
荧光增白剂 CBS-X(北京奥得赛公司)	0.1	0.2	0.15	0.12
香精 CP93008B	—	—	—	0.3
竹叶黄酮	—	—	—	0.011
无患子提取物	—	—	—	0.022
去离子水	58.18	62.08	57.33	59.527

制备方法

(1) 将去离子水投入反应釜中,加入柠檬酸钠和无水氯化钙,搅拌溶解,并升温至 50~60℃；

(2) 加入皂粉搅拌 10~15min；

(3) 加入阴离子表面活性剂，保持温度 50~60℃，搅拌溶解；

(4) 加入非离子表面活性剂和烷基糖苷，搅拌溶解，温度控制在 60℃以下；

(5) 温度控制在 20~50℃，加入酯基季铵盐、抗皱剂和丙二醇，搅拌溶解；

(6) 温度控制在 45℃以下，加入防腐剂；

(7) 温度控制在 30~40℃，加入酶制剂和荧光增白剂搅拌溶解。

原料介绍　所述竹叶黄酮通过以下方法制备：

(1) 采用 HPLC 法筛选出黄酮含量大于 1.5%的竹叶品种作为生产原料；

(2) 将筛选出的竹叶在 0~10℃避光干燥，粉碎成 0.1~1cm 的竹叶细粉；

(3) 将竹叶细粉用 C_1~C_3 的醇提取得到浸出液；

(4) 将浸出液过滤，真空浓缩，得竹叶粗提液；

(5) 将竹叶粗提液加水稀释后，离心分离，取清液经过陶瓷膜分离；

(6) 将陶瓷膜透过液经过超滤膜、纳滤膜分离，得竹叶处理液；

(7) 将竹叶处理液经过 D101B 大孔吸附树脂分离纯化，吸附树脂与上述膜的处理液体积比为 1:(5~20)，再对吸附树脂进行洗脱得到洗脱液，洗脱用的淋洗剂为 C_1~C_3 脂肪族低级醇水溶液，醇水质量比为 1:2；

(8) 将上述洗脱液真空浓缩至相对密度为 1.03~1.14，再进行真空冷冻干燥或喷雾干燥，获得黄酮含量在 40%~65%的竹叶黄酮提取物。

所述无患子提取物通过以下方法制备：

(1) 将粉碎后的无患子果皮和提取溶剂 60%乙醇以质量比 1:(2~6) 进行提取，采用冷浸方法，提取三次，合并三次提取液；

(2) 将合并后的提取液用板框过滤机过滤，板框过滤后的液体经微滤装置进行微滤；

(3) 微滤透过液经过 D101B 大孔吸附树脂柱后，用去离子水洗脱，然后用体积分数为 40%~95%的乙醇水溶液洗脱，收集乙醇洗脱液；

(4) 乙醇洗脱液经减压蒸馏回收乙醇后得到的溶液由纳滤或反渗透进一步浓缩，浓缩后的液体经喷雾干燥制成粉后造粒；

(5) 最后经超临界 CO_2 脱色，即得到脱色后的无患子提取物。

产品应用　本品是一种低泡抗皱柔软洗衣液。

产品特性

(1) 配方中阳离子表面活性剂选择了酯基季铵盐，其具有良好的柔软和抗静电性能，同时，按照特定的比例与阴离子表面活性剂复配后仍能保持体系稳定性。

(2) 配方中的氯化钙可提供更多的钙离子，对皂粉起到消泡作用，但钙离子含量增加也会与皂粉作用使体系变浑浊，加入适量的柠檬酸钠可使体系变澄清。同时柠檬酸钠能螯合体系中的钙镁离子，降低水的硬度，从而降低溶液表面张力，提高表面活性剂的功效。然而，过量的柠檬酸钠会螯合酶制剂中的钙离子，影响酶制剂的稳定性。本品对氯化钙、皂粉、柠檬酸钠的用量做了精确的调配，通过比较筛选，确定稳定体系。

（3）配方中的抗皱剂采用小麦蛋白/聚硅氧烷共聚物，由于其分子中蛋白质和聚硅氧烷复杂的聚合物结构，干后交联形成具有调理和保护作用的网络结构，赋予织物平滑和光泽性能。已有报道将其应用于护发剂和衣服熨烫之前的喷雾淀粉，但在洗衣液中的应用尚未见报道。

（4）体系中还可添加竹叶黄酮、无患子提取物等植物提取物，具有抗菌、消炎、护肤的功效。

（5）本品各组分合理配比、协同作用，使洗衣液同时具有柔软、抗皱、低泡、加酶功能。

配方3　多功能洗衣机洗衣液

原料配比

原料	配比（质量份）		原料	配比（质量份）	
	1#	2#		1#	2#
硅酸钠	2	3	松油醇	2	4
羧甲基纤维素钠	1	2	二甲苯磺酸钠	2	4
硼酸钠	2	4	甲苯磺酸钠	2	5
硫酸钠	12	15	羧甲基纤维素钠	1	3
乙醇	5	8	去离子水	12	16
三乙醇胺	2	3	十二烷基苯磺酸	2	4
月桂醇聚醚硫酸酯钠	11	15	苏打粉	2	6
酒石酸盐	1	4			

制备方法　将各组分原料混合均匀即可。

产品应用　本品是一种多功能洗衣机洗衣液。

产品特性　本产品具有洗涤和柔顺的双重功效，并使衣物颜色更加洁净、鲜亮。

配方4　多功能洗衣液

原料配比

原料	配比（质量份）	原料	配比（质量份）
烷基苯磺酸钠	10	甜菜碱	2
脂肪醇聚氧乙烯醚硫酸钠	6	椰子油脂肪酸二乙醇酰胺	2
脂肪醇聚氧乙烯醚	3	纳米 TiO_2 水溶胶	0.5

续表

原料	配比(质量份)	原料	配比(质量份)
氨基改性聚硅氧烷柔软剂	0.4	色素	0.05
增稠剂 CMC	3	去离子水	72
香精	0.05		

制备方法 准确称取上述原料，首先在混合釜中加入去离子水，升温至70℃，加入烷基苯磺酸钠、脂肪醇聚氧乙烯醚硫酸钠、脂肪醇聚氧乙烯醚、甜菜碱和椰子油脂肪酸二乙醇酰胺，搅拌 20min，再加入 CMC，搅拌 30min，降温至 30℃，最后再加入纳米 TiO_2 水溶胶、氨基改性聚硅氧烷柔软剂、香精和色素，搅拌均匀，即得多功能洗衣液。

产品应用 本品是一种多功能洗衣液。

产品特性

(1) 采用多种阴离子表面活性剂和非离子表面活性剂复配，提高了洗衣液的去污能力。

(2) 纳米 TiO_2 水溶胶具有优良的抗菌性能，无毒副作用，赋予洗衣液抗菌杀菌作用。

(3) 洗衣液配方中加入柔软剂来达到柔顺效果，保护织物纤维不受损，使洗后的织物纤维柔软、洁净和舒适，提高了洗衣液的附加值。

(4) 该洗衣液去污能力强，并且具有抗菌杀菌作用，对被洗织物也有较好的柔顺作用。

配方5 多功能高效洗衣液

原料配比

原料	配比(质量份)					
	1#	2#	3#	4#	5#	6#
AEO-9	1	5	7.5	10	9.5	18
BS-12	0.5	2	5	8	5.25	10
1227	0.5	1.5	3.75	6	5.25	10
D1821	0.4	1	2	3	3.4	6
聚乙二醇 6000DS 双酯	1	3	5	7	5.5	10
6501	0.2	1.5	2.75	4	3.1	6
乙二醇二硬脂酸酯(EGDS)	0.5	0.8	2.15	3.5	2.75	5
柠檬酸	0.01	0.03	0.05	0.07	0.505	1
香精	0.02	0.05	0.375	0.7	0.51	1
去离子水	95.87	85.12	1.425	57.73	64.235	33

制备方法

（1）将准确计量的去离子水加入反应釜，缓慢加入准确计量的聚乙二醇6000DS双酯并升温至65℃，搅拌至完全溶解；

（2）缓慢加入准确计量的AEO-9搅拌至完全溶解；

（3）边搅拌边加入准确计量的BS-12，观察反应釜内至完全形成清澈透明均一的溶液；

（4）依次加入准确计量的1227、D1821，搅拌溶解；

（5）边搅拌边加入准确计量6501，充分搅拌20min，回流25min；

（6）搅拌冷却至40℃加入准确计量的乙二醇二硬脂酸酯、香精，继续搅拌并回流20min；

（7）边搅拌边加入准确计量的柠檬酸；

（8）静置消泡，检验各项指标合格后按包装要求分装。

原料介绍　组分BS-12，为两性表面活性剂，配伍性良好，对皮肤刺激性低，生物降解性好，具有去污杀菌、柔软性、抗静电性、耐硬水性和防锈性等优点。

组分1227为一种阳离子表面活性剂，属非氧化性杀菌剂，具有广谱、高效的杀菌灭藻能力，能有效地控制水中菌藻繁殖和黏泥生长，并具有良好的黏泥剥离作用和一定的分散、渗透作用，同时具有一定的去油、除臭能力和缓蚀、柔软、抗静电、乳化、调理作用。

组分D1821是一种织物柔软剂，与阳离子、非离子、两性离子表面活性剂或染料有良好的配伍性，有较好的乳化分散性、抗静电性和防腐蚀性能。

产品应用　本品主要用于家庭个人衣物、床单、被套和宾馆、酒店床单、被套等清洁洗涤。

产品特性　本品性能优异，洗涤效果好。

配方6　多功能抗再沉积洗衣液

原料配比

原料		配比（质量份）				
		1#	2#	3#	4#	5#
阴离子表面活性剂	烷基苯磺酸盐（LAS）	4	—	15	4	12
	脂肪酸甲酯磺酸盐（MES）	—	4	—	—	—
	脂肪醇聚氧乙烯醚硫酸铵（AES-A）	8	—	—	—	—
	烯基磺酸盐（AOS）	—	3	7	15	3
	脂肪醇聚氧乙烯醚磺酸盐（AES）	—	6	—	4	4
	十二烷基硫酸三乙醇胺	7	—	—	—	—
	K12（十二烷基硫酸钠）	—	3	10	3	14

续表

原料		配比(质量份)				
		1#	2#	3#	4#	5#
非离子表面活性剂	脂肪醇聚氧乙烯醚(AEO-9)	8	5	—	—	15
	脂肪醇聚氧乙烯醚(AEO-7)	—	—	—	5	—
	斯盘20	—	—	—	4	—
	椰油酸二乙醇酰胺(6501)	—	6	4	6	—
	椰油酸单乙醇酰胺(6501片)	—	—	—	—	6
	谷氨酸月桂醇酯	—	—	—	—	3
高分子聚合物	聚丙烯酸	15	—	—	—	—
	聚丙烯酰胺	1	10	—	—	—
	聚丙烯酸钠	—	—	—	—	4
	阴离子聚丙烯酰胺	—	—	8	—	—
	聚氯化聚二甲基二丙基酰胺	—	—	—	10	—
酸碱调节剂	三乙醇胺	—	1	—	—	—
	盐酸	—	—	2	—	—
	乙酸	—	—	—	5	—
	氢氧化钠	—	—	—	—	1
	碳酸钠	2	—	—	—	—
生物酶	蛋白酶	0.5				
	脂肪酶	0.5				
杀菌消毒剂	三氯卡班(TCC)	0.25	0.25	0.1	0.25	
	三氯生(DP300)	—	0.25	0.1	0.25	0.25
	卡松	—	—	0.25	—	—
荧光增白剂	VBL(双三嗪基二苯乙烯衍生物)	0.1	—	—	0.1	
	CBS-X(双苯乙烯-联苯型光学荧光增白剂)	—	0.1	0.1	—	
香精		0.1	0.1	0.1		
色素		0.0002	0.0003	0.0001		
去离子水		加至100	加至100	加至100	加至100	加至100

制备方法　将阴离子表面活性剂、非离子表面活性剂加入一定量的水中溶解,再加入溶解的高分子聚合物,搅拌均匀,用酸碱调节剂调节 pH 值为 7～9,然后加入杀菌消毒剂、荧光增白剂、生物酶、香精、色素,搅拌至溶解。

产品应用　本品主要用于各种衣物、床上用品、毛巾等。

产品特性　本产品中添加高分子聚合物作为助剂,利用长链高分子的分散、阻垢能力,吸附、包裹污物,配合各种表面活性剂的作用,可以有效地去除污物并防止污物的再沉积,防串色,实现洁净、柔顺、抗静电、对肌肤无刺激等效果。

配方7　多功能环保洗衣液

原料配比

原料	配比（质量份）		
	1#	2#	3#
脂肪醇聚氧乙烯醚硫酸钠（AES）（70%）	7	10	5
钾皂（25%）	6	10	4
磺酸	3	5	2
液碱	1.25	2	1
脂肪醇聚氧乙烯（9）醚（AEO-9）	2	4	2
椰子油二乙醇酰胺（6501）	2	5	2
乙二胺四乙酸（EDTA）	0.2	0.5	0.1
荧光增白剂（挺进31#）	0.02	0.05	0.01
卡松	0.05	0.1	0.01
香精	0.2	0.5	0.1
色素	0.0004	0.0001	0.0001
食盐	1	2	1
水	加至100	加至100	加至100

制备方法

（1）在配料锅中先加入一定量的水，中和磺酸，然后加入稀释好的脂肪醇聚氧乙烯醚硫酸钠（AES）及钾皂，搅拌至溶液分散均匀，约20min。

（2）加入其他表面活性剂：慢慢加入，过程持续不少于15min。

（3）加入其他辅料：乙二胺四乙酸（EDTA）、荧光增白剂、卡松、香精、色素，每加一种料都要有3～5min的时间间隔。

（4）回流条件下，加盐调节黏度，约30min，取样化验。

产品应用　本品是一种多功能洗衣液。具有洗衣、柔顺、护理等多重功效。

产品特性　本产品中添加的天然植物原料制作的钾皂，内含特有的洗涤因子，去污漂洗自如，是真正的环保配方。同时含有双重效能的表面活性剂，洁力强劲，高效渗透，深层去污，有效清除衣物上的多种顽固污渍且易于洗净。本品为浓缩配方，性质温和，无磷不刺激，真正做到洗衣、柔顺、护理、多重功效一步到位。所得的洗衣液清洗棉料衣物，能有效去污，且能抗静电，保持衣物鲜艳，而且清馨宜人。

配方8　多功能竹醋洗衣液

原料配比

原料		配比（质量份）	
		1#	2#
表面活性剂	脂肪醇（C₁₂～C₁₆）聚氧乙烯（9）醚（AEO-9）	3	—
	脂肪酸聚氧乙烯酯（LAE-9）	—	6

续表

原料		配比(质量份)	
		1#	2#
表面活性剂	脂肪醇($C_{12}\sim C_{15}$)聚氧乙烯(7)醚(AEO-7)	—	3
	椰子油脂肪酸二乙醇胺(6501)	2	2
	脂肪醇($C_{12}\sim C_{14}$)聚氧乙烯醚硫酸钠(AES)	14	5
	十二烷基甜菜碱(BS-12)	3	2
竹醋		5	3
酸性助剂	柠檬酸	1	1
	月桂酸	1	1
氢氧化钠		0.3	0.3
杀菌剂	对氯间二甲苯酚	0.3	0.2
	三氯生	0.2	0.1
螯合剂	EDTA-2Na	0.5	—
	EDTA	—	0.3
荧光增白剂	CBS-X	0.1	—
	CBW-02	—	0.1
防腐剂	KF-88	0.1	0.1
食盐		1.5	1.2
聚丙烯酸聚氧乙烯醚酯(CW-70)		1	0.8
香精		0.1	0.1
去离子水		66.9	73.9

制备方法

(1) 加入计量好的去离子水、螯合剂、氢氧化钠，搅拌使之溶解，同时升温到 $55\sim65℃$。

(2) 加入表面活性剂，搅拌使之溶解。

(3) 加入竹醋、酸性助剂、杀菌剂、荧光增白剂、KF-88、CW-70、香精、食盐，搅拌使之溶解。

(4) 用300目滤网过滤后包装。

产品应用 本品是一种多功能竹醋洗衣液。用于衣服的清洗。

产品特性

(1) 所述的酸性助剂可以提供弱酸性洗涤环境，与人体皮肤的酸碱度吻合，达到护肤的目的；使硬水中的钙、镁离子不会沉积；同时，使得两性表面活性剂十二烷基甜菜碱（BS-12）充分发挥其阳离子的优势，达到抗菌、柔顺、抗静电等作用。使得整个液体环境 pH 值控制在 $6\sim7$，接近人体皮肤酸碱性，达到护肤效果。月桂酸具有良好的消泡和洗涤双重作用，且溶解度较高，能够满足透明液体产品的需要。

(2) 本产品具有去污、柔顺、抗菌、增艳、防静电、易漂洗等多重功效。

配方9　多酶生态洗衣液

原料配比

原料	配比（质量份）		原料	配比（质量份）	
	1#	2#		1#	2#
多酶活化剂	20	15	1%壳聚糖溶液	0.8	0.8
AES	12	8	香精	0.1	0.1
乙醇	2	4	水	75	62
PVP	0.1	0.1			

制备方法　按上述比例添加，将多酶活化剂加入混合罐中，再加入 AES，混合搅拌，边搅拌边加水，至水全部放完后，搅拌 20min，再加入乙醇、1%壳聚糖溶液、PVP 进行复配，混匀，然后通过乳化罐乳化，放入香精搅匀，再放入陈化储存罐中陈化 48h 以上，灌装。

原料介绍　所述多酶活化剂是采用黑曲霉、枯草杆菌、放线菌等多种复合菌群对麦芽糊精与木瓜果汁的发酵液。

产品应用　本品是一种多酶生态洗衣液。

产品特性

（1）本多酶生态洗衣液，配制是经过生化作用反应后再通过物理作用乳化，生产的产品生物活性高，对织物渗透性、分散性好，多种酶作用去污力强。

（2）本多酶生态洗衣液不仅自身生物容易降解，所排洗涤污水还能净化环境污水，保护水体生态环境。

（3）本多酶生态洗衣液减少表面活性剂 50% 以上，同时减少各种化学助剂，仍能达到很好的去污效果，有利于资源节约和生态环保。

配方10　多效护肤洗衣液

原料配比

原料	配比（质量份）		
	1#	2#	3#
中草药水提物	10	15	12
表面活性剂	15	20	18
硅油消泡剂	0.1	0.3	0.2
螯合剂	0.3	0.5	0.4
BBS 光漂白剂	0.25	0.35	0.3
DSBP 增白剂	0.35	0.55	0.4
香精	3	5	4
去离子水	71	58.3	64.7

续表

原料		配比（质量份）		
		1#	2#	3#
中草药水提物	白蔹水提物	2	3	2.4
	白术白蔹水提物	2	3	2.4
	淮山药白蔹水提物	2	3	2.4
	白及白蔹水提物	2	3	2.4
	白芍白蔹水提物	2	3	2.4

制备方法 分别称取相同质量份的白蔹、白术、淮山药、白及、白芍，混匀后用水煮法提取，在所得的中药水提物中加入表面活性剂、硅油消泡剂、螯合剂、BBS 光漂白剂、DSBP 增白剂及香精，补足余量去离子水，搅拌均匀即得成品。

原料介绍 所述中草药水提物是相同质量份的白蔹、白术、淮山药、白及、白芍五味混合中药的水煎法提取液。

所述表面活性剂是十二烷基甜菜碱。

所述螯合剂是乙二胺四乙酸二钠。

所述 BBS 光漂白剂是一种蓝色卟吩衍生物。

所述 DSBP 增白剂是一种双二苯乙烯型荧光增白剂。

产品应用 本品是一种能去污漂白、保护皮肤而不伤手的多效护肤洗衣液。

产品特性 本产品洗涤效果好，去污力强，使用过程中及使用后有自然芳香，淡雅舒适，所用中药白蔹、白术、淮山药、白及、白芍配比合理，均有美白润肤作用，能养护手部肌肤，洗涤后废水无污染，所洗衣物穿着放心、清洁、柔软。

配方11 多效洗衣液

原料配比

原料	配比（质量份）		原料	配比（质量份）	
	1#	2#		1#	2#
酯基季铵盐	8	14	脂肪醇聚氧乙烯醚	10	21
聚乙二醇二硬脂酸酯	11	20	脂肪酸钾盐	3	5
谷氨酰胺	3	8	羟乙基纤维素	2	6
三聚磷酸钠	4	10	过硼酸铵	2	7
脂肪醇聚氧乙烯醚硫酸钠	7	11	C_{18}脂肪酸甲酯磺酸钠	6	13
香精	3	6	二甲基硅油	3	11
烷基多糖苷	4	6	去离子水	加至 500	加至 500

制备方法　将各组分原料混合均匀即可。

产品应用　本品是一种多效洗衣液。

产品特性　本产品的多效洗衣液，低泡沫易清洗，同时清洗后能够使衣物更加柔顺，提高了衣物的舒适度。

配方12　防掉色洗衣液

原料配比

原料	配比（质量份）		
	1#	2#	3#
洗衣液核心母料	2.5	6.5	4.5
香精	0.1	0.3	0.2
染色助剂	0.02	0.06	0.04
皂角精华提取液	0.2	0.6	0.4
高泡精	0.02	0.06	0.04
拉丝粉	0.02	0.06	0.04
四合一增稠剂	0.02	0.06	0.04
盐	0.02	0.06	0.04
全能乳化剂	0.5	1.5	1
二烷基苯酚钠	4	12	8
阴离子增稠剂	0.6	1.8	1.2
去离子水	92	77	84.5

制备方法　先将洗衣液核心母液、香精、染色助剂、皂角精华提取液、高泡精、拉丝粉，四合一增稠剂、全能乳化剂、去离子水混合，用电动搅拌机搅拌均匀，确认完全溶解后，加入盐、二烷基苯酚钠、阴离子增稠剂进行增稠，增稠结束后，再用搅拌机搅拌均匀，制得成品。

产品应用　本品是一种防掉色洗衣液。

产品特性　本产品不但秉承了原有洗衣液强力去垢的优点，同时用它洗涤衣服还可以保持衣服颜色鲜艳长久，艳丽如新。

配方13　防霉抗氧化洗衣液

原料配比

原料	配比（质量份）					
	1#	2#	3#	4#	5#	6#
牡丹酚	0.5	0.5	0.4	0.2	0.1	0.5
丹皮酚磺酸钠	4	3	3	3	5	1
硫辛酸	0.4	0.5	0.5	0.7	0.8	0.2

续表

原料	配比（质量份）					
	1#	2#	3#	4#	5#	6#
樟脑	0.5	0.5	0.5	0.8	0.2	0.9
脂肪醇聚氧乙烯醚硫酸钠	10	10	10	13	15	8
脂肪醇聚氧乙烯醚（AEO-9）	2	2	2	6	7	6
十二烷基磺酸钠	6	6	6	5	5	10
椰子油二乙醇酰胺	1	1	1	2	2.5	1
钾皂	0.8	0.8	0.8	0.4	1	0.3
DS-POLYMER 542	0.5	0.5	0.5	0.2	0.8	0.1
柠檬酸钠	1.5	1.5	1.5	2.5	3	0.5
薰衣草香精	0.5	0.5	0.5	0.2	0.6	0.01
亮蓝色素	0.0003	0.0003	0.0003	0.0001	0.0008	0.0003
去离子水	加至100	加至100	加至100	加至100	加至100	加至100

制备方法　将各组分原料混合均匀即可。

产品应用　本品是一种成本低且防霉、抗氧化效果好的防霉抗氧化洗衣液。

产品特性　本产品复合了抗氧化剂、污垢分散剂、消泡剂和其他一些表面活性剂（有效去污组分），洗衣过程不仅高效去污，还有效解决了换季衣物长时储存发霉变黄的问题。

配方14　防霉洗衣液

原料配比

原料	配比（质量份）		
	1#	2#	3#
满天星提取物	10	20	15
苦参提取物	15	20	18
荆芥提取物	17	20	11
防风提取物	14	16	12
月桂酸钠	20	20	30
乙二胺四乙酸	1	0.3	0.1
二苯乙烯三嗪型荧光增白剂	0.3	0.3	0.5
增稠剂氯化钠	4	0.9	5
去离子水	70	60	90

制备方法　将满天星提取物、苦参提取物、荆芥提取物、防风提取物、月桂酸钠、乙二胺四乙酸、二苯乙烯三嗪型荧光增白剂（γ晶型二苯乙烯三磺酸衍生物，型号为Heliya⑧BLF）、增稠剂氯化钠和去离子水混合均匀，即得。

产品应用 本品是一种防霉洗衣液。

产品特性 本产品不仅能够抑制衣物生长细菌和霉菌，同时降低洗涤剂的刺激性，具有高效抗菌、去污力强、安全无害、耐久洗涤、使用简便、不易引起衣物的破损、腐烂及残留化学防腐剂而刺激皮肤，使用安全可靠，制作简便。

配方15　防霉强力去污洗衣液

原料配比

原料		配比（质量份）		
		1#	2#	3#
抗菌防霉剂	三氯生 DP300	0.2	—	—
	对氯间二甲苯酚	0.2	—	—
	防霉剂 Plus FG	—	0.2	—
	防霉剂 L2-25	—	—	1
表面活性剂	月桂酸钠[$CH_3(CH_2)_{10}COONa$]	6	—	8
	脂肪酸聚氧乙烯酯[$RCOO(CH_2CH_2O)_nH$]	3	8	5
	直链十二烷基苯磺酸钠	14	—	—
	脂肪醇聚氧乙烯醚硫酸钠	—	12	—
	脂肪醇聚氧乙烯(9)醚	—	10	—
	α-烯基磺酸盐	—	—	10
	脂肪醇聚氧乙烯(7)醚	—	—	3
	脂肪醇聚氧乙烯(3)醚	—	—	1
	氧化胺	—	2	1.5
	烷醇酰胺	2	—	—
荧光增白剂	γ 晶型二苯乙烯三磺酸衍生物（BLF）	0.2	—	—
	二苯乙烯联苯型增白剂（CBS-X）	—	0.1	0.1
螯合剂	乙二胺四乙酸二钠（EDTA-2Na）	0.1	—	—
	次氮基三乙酸	—	0.2	—
	柠檬酸钠	—	—	2
香精		0.1	0.1	0.1
增稠剂	氯化钠	1	—	1.5
去离子水		73.2	67.4	66.8

制备方法

（1）依次加入计量好的去离子水、抗菌防霉剂、表面活性剂，搅拌并升温至 60～70℃，再加入螯合剂、增稠剂，搅拌使之溶解。

（2）降温至 30℃以下，加入荧光增白剂、香精，搅拌使之溶解。

（3）用 300 目滤网过滤后包装。

产品应用 本品是一种防霉洗衣液。可有效抑菌、防霉，健康环保，且洗涤后的衣物清洁度高。

产品特性

(1) 本产品的特点在于一种或两种防霉剂的复配，可以有效抑制霉菌生长，达到防霉作用，同时具有安全无害、使用简便、不影响织物自身性能的特点。防霉剂的混合物含量必须在 0.1～2 份之间，低于 0.1 份起不到防霉作用，高于 2 份易致产品浑浊。

(2) 本产品具有强大的防霉功效，去污力强，冷水、温水、热水中具有同样去污效果，洗衣时泡沫少，易漂洗。废液不含磷，不会给水中生物环境造成污染，pH 值小于 10，稳定性好。

配方16　防染洗衣液

原料配比

原料	配比(质量份)		原料	配比(质量份)	
	1#	2#		1#	2#
阴离子表面活性剂	1～30	3～30	电解质	0～5	0～4
非离子表面活性剂	1～20	2～20	香精	0.1～0.3	0.1～0.3
两性表面活性剂	1～10	1～6	柠檬酸	0.1～0.3	0.1～0.2
防染剂聚二甲基二烯丙基氯化铵	0.1～2	0.1～2	卡松	0.01～0.2	0.01～0.2
螯合剂	0.05～0.2	0.05～0.2	水	加至100	加至100

制备方法

(1) 先在搅拌锅内加入水和阴离子表面活性剂加热至 75～80℃，搅拌溶解均匀；

(2) 然后加入螯合剂，溶解完全；

(3) 再加入非离子表面活性剂、两性表面活性剂到搅拌锅，保持温度 75～80℃，全部溶解均匀后加入防染剂，这时要充分搅拌溶解均匀，以便能充分发挥防染剂的效能；

(4) 最后将料体降温到 35～40℃后，依次加入柠檬酸、卡松、香精、电解质，搅拌溶解均匀，最后过滤出料。

原料介绍　所述聚二甲基二烯丙基氯化铵可与乙烯吡咯烷酮或/和乙烯咪唑混合，也可直接由乙烯吡咯烷酮、乙烯咪唑中的一种或两种混合代替。

所述阴离子表面活性剂为脂肪醇聚氧乙烯醚硫酸盐、脂肪醇硫酸盐、烷基苯磺酸盐中的一种或多种混合物。

所述非离子表面活性剂为脂肪醇聚氧乙烯醚、椰子油脂肪酸二乙醇酰胺或烷基多糖苷中的一种或者多种混合物。

所述两性表面活性剂为甜菜碱类表面活性剂、咪唑啉类表面活性剂中的一种或多种混合物。

所述的电解质为氯化钠、氯化钾、氯化铵。

所述的螯合剂为 EDTA-2Na、EDTA-4Na、羟乙基磷酸四钠。

产品应用 本品是一种防染洗衣液。

产品特性 本产品采用聚二甲基二烯丙基氯化铵为重点原料,在洗涤时,其他衣服不会被褪色的衣服染色,既保护了衣服,又节约了能源,使用方便,环保,且本产品配方合理,去污效果显著,安全无污染。

配方17 防缩水洗衣液

原料配比

原料	配比(质量份)		原料	配比(质量份)	
	1#	2#		1#	2#
过碳酰胺	6	10	乙二胺四乙酸	1	3
十二烷基硫酸钠	3	8	对氯间二甲苯酚	2	6
脂肪酸甲酯磺酸钠	5	7	螯合剂	0.2	1
金橘提取液	2	4	2-溴-2-硝基丙烷-1,3-二醇	7	9
增稠剂	3	6	三苯甲咪唑	2	8
荆芥提取物	5	9	二甲基硅油	3	9
月桂酸钠	3	5	芦荟提取液	4	9

制备方法 将各组分原料混合均匀即可。

产品应用 本品是一种防缩水洗衣液。

产品特性 本产品能够减少衣物的缩水,同时不影响衣物的洗涤效果。

配方18 防缩水抗菌去污洗衣液

原料配比

原料	配比(质量份)			原料	配比(质量份)		
	1#	2#	3#		1#	2#	3#
对甲基苯磺酸钠	24	24	30	防腐剂异噻唑啉酮	5	3	5
去离子水	40	40	30	乙氧基化烷基硫酸钠(AES)	23	33	23
香精	5	1	4	食盐	9	9	9
色素	5	1	4				

制备方法 向对甲基苯磺酸钠中加入去离子水,50℃搅拌均匀,再加入乙氧基化烷基硫酸钠(AES),搅拌均匀,降温至35℃加入香精、色素、防腐剂异噻唑啉酮、食盐,即得。

产品应用 本品是一种防缩水洗衣液。

产品特性 本产品原料易得,气味清新,能够洗涤各种化纤类衣物,防止衣物缩水变小,清洗效果显著,具有抗菌去污,美白皮肤,不伤手,令衣物鲜亮、干净、保持原形等优点。用防缩水洗衣液洗后，衣物干净明亮且不伤手，有清香的味道，污渍全部洗净，衣物没有任何的缩水。

配方19　防褪色、去毛球的洗衣液

原料配比

原料	配比（质量份）		
	1#	2#	3#
脂肪酶	0.5	0.75	1
纤维素酶	1.5	2.25	3
椰子油脂肪酸二乙醇酰胺	13	14	15
烷基糖苷	4	5	6
脂肪醇聚氧乙烯醚硫酸钠	8	9	10
柠檬酸钠	1	1.5	2
香精	0.2	0.3	0.4
去离子水	加至100	加至100	加至100

制备方法

（1）将去离子水加入反应釜中，加热至40℃，加入配方比例柠檬酸钠，并搅拌均匀得混合液A；

（2）将椰子油脂肪酸二乙醇酰胺、烷基糖苷、脂肪醇聚氧乙烯醚硫酸钠按照配比量加入，在10～50℃条件下搅拌30min，得到混合溶液B；

（3）当温度降至30℃时，加入各种酶制剂，搅拌5min；

（4）再按配比加入香精搅拌均匀；

（5）至储存罐降温、消泡后分装。

产品应用　本品是一种防褪色、去毛球的洗衣液。

产品特性

（1）含有的酶制剂，使其具有优异的护色、去除毛球的功效，同时使洗涤能力更出色；

（2）织物防静电性和再湿润性好，并且衣物无泛黄变形的现象；

（3）洗涤后柔软蓬松效果好；

（4）使用浓度低，对织物和皮肤均无损伤，稳定性好。

配方20　防褪色的护肤洗衣液

原料配比

原料	配比（质量份）		原料	配比（质量份）	
	1#	2#		1#	2#
皂角	6	14	紫苏叶	3	10

续表

原料	配比(质量份)		原料	配比(质量份)	
	1#	2#		1#	2#
珍珠粉	5	9	乙醇胺	1	4
藏红花	3	10	色素	0.2	0.6
何首乌	3	5	柠檬酸	6	11
十二烷基苯磺酸	6	12	AEO-9	8	14
脂肪醇聚氧乙烯醚	5	7	去离子水	15	22
桂花提取液	4	9	85%磺酸	5	13
氯化钠	2	6			

制备方法　将各组分原料混合均匀即可。

产品应用　本品是一种防褪色的护肤洗衣液。

产品特性　本产品能够防止衣物褪色，保持衣物的光泽度和色彩，同时易清洗。

配方21　防褪色的强力去污洗衣液

原料配比

原料	配比(质量份)		原料	配比(质量份)	
	1#	2#		1#	2#
无患子提取液	10	20	非离子表面活性剂	2	4
皂荚提取液	10	15	丁香油	1	2
NaCl	10	13	乙醇	5	7
阴离子表面活性剂	30	5	去离子水	59	34

制备方法

(1) 将 NaCl 溶解在去离子水中，常温下充分溶解；

(2) 加入无患子提取液和皂荚提取液，放入加热罐中加热，温度控制在40～50℃，加热 40～60min 后冷却；

(3) 缓慢加入阴离子表面活性剂和非离子表面活性剂，边加边搅拌，直到充分混合，无沉淀；

(4) 加入乙醇和丁香油的混合物，静置后分装。

产品应用　本品是一种专门用来洗涤容易褪色的棉质衣物，或者污垢严重的牛仔衣裤的洗衣液。

产品特性　本产品具有去污能力强、固色等特点，并且加入的丁香油中含有丁香酚成分，具有杀菌抑菌的效果，洗后衣物清洁且不伤皮肤。该洗衣液中含有丰富的皂荚、无患子等强力去污成分，还添加了天然固色剂，在能保护衣物着色的前提下强力去污。

配方22　防褪色柔顺洗衣液

原料配比

原料	配比(质量份)		
	1#	2#	3#
椰油酸二乙醇胺	10	15	20
脂双季铵硫酸酯	4	8	12
月桂醇硫酸钠	5	7	10
脂肪醇聚氧乙烯醚硫酸钠(AES)	4	6	8
脂肪酸钠盐	5	7	10
氯化钠	3	5	6
苧烯	3	6	9
碳酸钠	5	7	10
牛油高泡精	2	4	6
椰子油衍生精华	4	6	8
柔软剂	3	6	6
抗静电剂	2	4	7
阳离子增稠剂	4	6	8
去离子水	20	30	40

　　制备方法　将各组分原料混合均匀即可。
　　产品应用　本品是一种衣服柔顺、不起静电的防褪色柔顺洗衣液。
　　产品特性　本产品具有中性、重垢、低残留、低刺激的特点，洗后衣物干净明亮且不伤手，具有防衣物褪色、保色的功效，同时洗出的衣服柔顺、不起静电。

配方23　防褪色洗衣液

原料配比

原料	配比(质量份)		
	1#	2#	3#
去离子水	70	90	70
α-甲基十二烷基苯甲醇聚氧乙烯(10)醚	6	3	4
非离子表面活性剂 AEO-7	3	2	3
十四烷酸钠	18	15	14
乙酸	5	2	2
香料	7	9	7

　　制备方法　将上述原料混合均匀，放在加热罐中，35～50℃加热50min，冷却，分装即可。

产品应用 本品是一种防褪色洗衣液。

产品特性 本产品除了具有防衣物褪色、保色的功效外，还具有去污能力强、对织物增白且无损伤增彩、无环境污染、低残留、低刺激的特点，洗后衣物干净明亮且不伤手，让衣物有清香的味道，污渍全部洗净，没有任何褪色。

配方24 防褪色无刺激洗衣液

原料配比

原料	配比（质量份）			原料	配比（质量份）		
	1#	2#	3#		1#	2#	3#
椰子油脂肪酸钾皂	8	12	10	椰油二乙醇胺	0.5	1.2	0.8
烷基苯磺酸	5	10	9	甘油	0.2	1.8	1.4
氯化钠	1.5	1.5	0.9	玫瑰香精	6	12	8
壬基酚聚氧乙醚	1.2	2.6	2.1	柠檬酸	2	8	6
乙氧基化烷基硫酸钠	1.8	1.8	1.2	荧光增白剂	0.5	1.2	0.7
山梨醇	0.5	2.5	1.5	去离子水	35	50	45
乙二胺四乙酸	3	8	6				

制备方法 将各组分原料混合均匀即可。

产品应用 本品是一种防褪色洗衣液。适合牛仔裤等易褪色衣物的洗涤。

产品特性 该洗衣液性能温和，安全无刺激，去污力优良，使用过程中泡沫低，易漂洗，抗硬水，具有良好的防褪色功能，特别适合牛仔裤等易褪色衣物的洗涤。该洗衣液解决了常用洗衣液不能有效防止褪色的问题。

配方25 防褪色抗菌去污洗衣液

原料配比

原料	配比（质量份）			
	1#	2#	3#	4#
十二烷基苯磺酸	3	6	5	3
脂肪酸甲酯乙氧基化物	6.3	5	9	9
脂肪醇聚氧乙烯醚	3.8	3.5	2	4
乙醇胺	0.5	1.8	1	0.5
柠檬酸钠	2	1	4	1
蛋白酶	0.5	0.3	0.12	0.5
淀粉酶	0.05	0.2	0.15	0.2
氯化钠	1.2	0.5	1.5	0.5
植物精油	0.05	0.03	0.01	0.01
色素	0.01	0.05	0.03	0.01
水	76.5	70	79.8	80

制备方法　先将水加热至50℃左右，然后加入其他组分，混合均匀即可。

产品应用　本品是一种去污能力好、又能防脱色的洗衣液。

产品特性　本产品配方简单，易制备，其气味清新，既有极强的去污能力，又能防止衣物褪色，同时还具有抗菌去污，不伤手，令衣物鲜亮、干净等优点。

配方26　复合酶洗衣液

原料配比

原料		配比（质量份）		原料		配比（质量份）	
		1#	2#			1#	2#
复合酶		1	0.7	增稠剂		2	2
烷基苯磺酸钠		10	13	香精		0.5	0.5
AES		6	5	色素		0.03	0.05
AEO-9		2	3	水		73.45	68.2
甜菜碱		1	2	复合酶	碱性蛋白酶	0.3	0.3
氧化胺		0.5	0.5		淀液酶	0.3	0.3
尼纳尔		1.5	2		脂肪酶	0.2	0.1
EDTA		0.02	0.05		纤维素酶	0.2	—
尿素		3	3				

制备方法　将各组分原料混合均匀即可。

产品应用　本品是一种复合酶洗衣液。

产品特性　本产品的主要技术特征是在洗衣液中添加了复合酶以提高洗衣液的去污能力，所述复合酶是由碱性蛋白酶、淀液酶、脂肪酶、纤维素酶中的两种或两种以上复配而成。通过在洗衣液配方中添加复合酶，可以分解各种混合污垢，显著提高去污能力。

配方27　护色防静电洗衣液

原料配比

原料		配比（质量份）	
		1#	2#
非离子表面活性剂	烷基酚聚氧乙烯醚	8	—
	聚丙二醇的环氧乙烷加成物	—	15
	脂肪酸聚氧乙烯酯	8	—
柠檬酸钠		4	4
复合酶		5	6
酶稳定剂	丙二醇	1	—
	甘油	1	0.5

续表

原料		配比（质量份）	
		1#	2#
酶稳定剂	甲酸盐	—	0.5
	丙酸盐	—	0.5
	乙二酸盐	—	0.5
竹醋		3	3
柠檬酸		0.5	1
乙氧基月桂酰胺		1	2
甘油一硬脂酸酯		1	2
去离子水		12	20

制备方法 将各组分原料混合均匀即可。

原料介绍 所述的复合酶为蛋白质分解酶、脂肪分解酶、淀粉分解酶、纤维素分解酶和多糖酶复合酶。在制剂中加入生物制剂酶，可以去掉一般表面活性剂难以去除的污垢，洗衣液中蛋白质分解酶、脂肪分解酶、淀粉分解酶、纤维素分解酶和多糖酶发挥独特的协同作用，克服了单一酶制剂无法去除混合污垢的缺点，提高了去污垢能力。

产品应用 本品是一种护色防静电的洗衣液。可以有效去污，增艳、防静电。

产品特性 本产品去污能力强，具有亮白增艳效果，衣物多次洗涤不易褪色，防静电，生产工艺简单，适于批量生产。

配方28 护色洗衣液

原料配比

原料		配比（质量份）			
		1#	2#	3#	4#
护色剂	1-乙烯基吡咯烷酮	0.5	—	3	—
	1-乙烯基共聚物	—	6	—	6
阴离子表面活性剂	烷基苯磺酸钠	6	—	—	6
	脂肪酸钾皂	—	31	—	—
	脂肪醇聚氧乙烯醚硫酸钠	—	—	18	—
非离子表面活性剂	烷基糖苷	12	—	23	—
	脂肪醇聚氧乙烯醚	—	43	—	43
增稠剂及其他助剂	羧甲基纤维素钠及荧光增白剂 CBS-X、异噻唑啉酮、色素和香精	0.06	—	—	—
	黄原胶及荧光增白剂 CBS-X、异噻唑啉酮、色素和香精	—	1	—	—

续表

原料		配比（质量份）			
		1#	2#	3#	4#
增稠剂及 其他助剂	卡拉胶及荧光增白剂 CBS-X、异噻唑啉酮、色素和 香精	—	—	0.2	0.06
去离子水		40	60	50	60

制备方法

（1）取去离子水总量的 30%～40% 加入到搅拌釜中，加热至 70～80℃，边搅拌边先后加入阴离子表面活性剂、非离子表面活性剂以及护色剂，溶解后搅拌 0.5～1h 使之混合均匀，得到表面活性剂原液；

（2）取去离子水总量的 30%～40% 加入到搅拌釜中，加热至 50～60℃，边搅拌边加入增稠剂，持续搅拌至溶液均匀透明，得到增稠剂原液；

（3）将表面活性剂原液和增稠剂原液混合，补足余量的去离子水，加入其他助剂，全部溶解后，再调节 pH 值至 6～8，即为护色洗衣液。

原料介绍 所述增稠剂为羧甲基纤维素钠、海藻酸钠、黄原胶或卡拉胶。

所述的其他助剂选自增白剂、防腐剂、色素和香精中的一种或多种。

所述防腐剂为异噻唑啉酮。

所述增白剂为荧光增白剂 CBS-X。

产品应用 本品是一种护色更固色的洗衣液。

产品特性

（1）本产品将表面活性剂与固色剂复合、增效，在清洁织物的同时可降低或减少由于洗涤过程产生的外观和颜色损失。

（2）本产品所采用的护色剂具有与表面活性剂高效络合的能力，在有色织物上形成的配合物水溶性差，避免了被表面活性剂所增溶分散，降低了染料的机械洗脱率，另外，由于溶液中的已脱失染料分子与护色剂形成的配合物水溶性差，造成沉淀，降低了染料迁移到其他织物上的概率，同时护色剂特有的与植物纤维低吸附力，有效降低了类似阳离子护色剂的串色现象，具有较好的抗染料迁移效果。

（3）本产品以具有优良的去污、乳化和发泡能力的阴离子表面活性剂为主，与温和、低刺激的非离子表面活性剂复配，去污能力强，易于漂洗，pH 呈中性，温和无刺激，不伤手。

配方29 活性氧增彩洗衣液

原料配比

原料	配比（质量份）		
	1#	2#	3#
十二烷基苯甲醇聚氧乙烯(10)醚	8	15	10
烷基苯磺酸盐	10	15	12

续表

原料	配比(质量份)		
	1#	2#	3#
过氧化氢	4	8	6
椰油酸二乙醇酰胺	1.5	5	3
EDTA-2Na	0.8	2	1.5
螯合分散剂	0.8	2	1.5
柠檬酸	1	5	3
去离子水	73.9	48	63

制备方法　所有物料在室温条件下混合均匀后适当加香即可。

原料介绍　所述的螯合分散剂是羟基亚乙基二膦酸、聚丙烯酸钠、聚乙烯吡咯烷酮、共聚马来酸丙烯酸钠盐中的一种或几种的混合物。

产品应用　本品是一种活性氧增彩洗衣液。

产品特性　本产品制备方法简单、无环境污染、去污能力强、对织物增白且无损伤增彩。

配方30　集洗涤柔软二合一的洗衣液

原料配比

原料	配比(质量份)		
	1#	2#	3#
柠檬酸钠	2	2.5	2
月桂醇聚醚硫酸酯钠 AES	8.5	7.5	7
椰子油二乙醇酰胺	2	2.5	3.5
氢氧化钠	0.8	0.8	0.8
磺酸	6.2	4.3	6.1
脂肪酸甲酯乙氧化物 FMEE	6	8	5
有机硅柔软剂	2	2.5	2.5
三元复合酶	0.15	0.1	0.2
疏水改性碱溶胀型增稠剂	0.8	1	0.5
卡松	0.05	0.1	0.1
香精	0.2	0.15	0.1
色素	0.0004	0.0005	0.0004
食盐	0.7	0.5	1
去离子水	加至 100	加至 100	加至 100

制备方法

(1) 先在加入水的配料锅中加入柠檬酸钠，再加碱和磺酸进行中和，然后加入稀释好的 AES 及椰子油二乙醇酰胺搅拌至溶液分散均匀，时间为 18～25min。

（2）加入表面活性剂 FMEE，过程持续不低于 10min。

（3）加入其他辅料：卡松、香精、色素、酶、有机硅柔软剂，每加一种料都要有 3～5min 的时间间隔。

（4）最后，加食盐及疏水改性碱溶胀型增稠剂协同调节黏度，时间为 25～35min，取样化验。

产品应用　本品是一种洗涤柔软二合一洗衣液。该洗衣液能将洗衣、柔顺、护理等多重功效一步到位。

产品特性

（1）添加绿色环保原料制作的 FMEE，内含特有的洗涤因子，去污漂洗自如，是真正的绿色环保配方；同时具有双重效能的非表面活性剂，亲水基团使分子引入水，而憎水基团使分子离开水，显著降低水表面张力，亲油基与污垢相作用，使污垢脱离被洗物，从而达到高洁净力，高效渗透，深层去污，有效清除衣物上的多种顽固污渍且易于洗净。

（2）先进的有机硅柔软剂，保护纤维抗静电、赋予织物蓬松、丰满、柔软、丝滑手感；所得的洗衣液清洗棉料衣物，能有效去污，且能柔软、抗静电，而且清馨宜人。

（3）选用的既有螯合作用又是助洗剂的柠檬酸钠，捕捉污垢中的金属离子，与多种表面活性剂发生协同作用，并提高酶的活性，取代了螯合剂 EDTA-2Na 有利于环保。

（4）采用疏水改性碱溶胀型增稠剂，使料体稠稀自如。本产品通过巧妙地选用各种原料进行配比，绿色环保配方，性质温和，无磷不刺激，真正做到洗衣、柔顺、护理一步到位。

配方31　可防止衣物缩水的洗衣液

原料配比

原料	配比（质量份）			原料	配比（质量份）		
	1#	2#	3#		1#	2#	3#
非离子表面活性剂	5	20	15	柠檬酸钠	0.5	1	0.8
阴离子表面活性剂	5	20	15	无水氯化钙	0.01	0.05	0.04
酯基季铵盐	1	2	1.5	荧光增白剂	0.02	0.5	0.3
烷基糖苷	1	4	2	抗皱剂	0.6	4	3
皂粉	0.5	2	1	酶制剂	0.6	1.2	1
鱼腥草提取物	1	3	2	竹叶黄酮	0.005	0.03	0.01
防腐剂	0.2	0.5	0.3	去离子水	加至100	加至100	加至100
增稠剂	1	2	1.5				

制备方法　将各组分原料混合均匀即可。

原料介绍　所述非离子表面活性剂选自脂肪醇聚氧乙烯醚、烷基酚聚氧乙烯醚、烷醇酰胺、氧化胺中的一种或几种。

所述酯基季铵盐为 1-甲基-1-油酰胺乙基-2-油酸基咪唑啉硫酸甲酯铵。

所述阴离子表面活性剂选自烷基苯磺酸盐、烷基硫酸盐、α-烯基磺酸盐、脂肪醇聚氧乙烯醚硫酸钠中的一种或几种。

所述抗皱剂为丁烷四羧酸、柠檬酸、马来酸、聚马来酸和聚合多元羧酸中的至少一种。

产品应用 本品是一种可防止衣物缩水的洗衣液。

产品特性 本品价格低廉，能够有效满足人们对一些易缩水的衣物的洗涤，防止衣物变形、影响穿着，令衣物鲜亮、干净。

配方32 亮白增艳洗衣液

原料配比

原料	配比（质量份）		原料	配比（质量份）	
	1#	2#		1#	2#
纯净水	5	11	硅酸钠	2	4
甲基苯丙三磷酸	1	3	过碳酸钠	2	5
烷基苯磺酸钠	2	6	水杨酸	2	4
聚丙烯酸钠	10	15	薄荷醇	1	4
脂肪醇聚氧乙烯醚	7	9	水玻璃	2	3
增白剂	4	8	柠檬粉	2	4
乙二胺四乙酸钠盐	1	2	增稠剂	2	3
脂肪酸皂	1	3			

制备方法 将各组分原料混合均匀即可。

产品应用 本品是一种亮白增艳洗衣液。

产品特性 本产品具有调理衣物颜色的功效，既可以深层洁净，又可以使白衣更加亮白，彩衣更加鲜艳、亮丽。

配方33 能快速清除血迹的洗衣液

原料配比

原料	配比（质量份）			原料	配比（质量份）		
	1#	2#	3#		1#	2#	3#
香精	0.5	0.4	0.6	增稠剂	4	3	5
防腐剂	0.03	0.05	0.04	氨水	7	6	8
高泡精	2	4	3	双氧水	3	5	2
聚丙烯酸钠	0.8	1	1.1	去离子水	加至100	加至100	加至100

制备方法

（1）在搅拌容器中加入去离子水，加热到 70～80℃，加入增稠剂，搅拌

15～20min；

（2）将搅拌容器内的温度降至 45～60℃，向搅拌容器内加入聚丙烯酸钠、氨水和双氧水，搅拌 25～30min；

（3）将搅拌容器内的温度降至 35～45℃，依次向搅拌容器内加入香精、防腐剂和高泡精，两种原料加入的时间间隔为 4min，搅拌 20～30min 即成。

产品应用 本品是一种能快速清洗衣物上血迹的洗衣液产品。尤其方便月经以后的女士清洗内裤上的血迹。

产品特性 本产品内的氨水和双氧水可以和血液发生化学反应，从而达到快速清除衣物上血迹的目的，尤其方便月经以后的女士清洗内裤上的血迹。

配方34　漂白洗衣液

原料配比

原料		配比（质量份）			
		1#	2#	3#	4#
洗衣精		200	300	240	280
植物精油	玫瑰精油	2	—	—	2.5
	茶树精油	—	—	2.3	—
	茉莉精油	—	3	—	—
漂白精		20	30	25	28
衣物氧漂粉		20	30	25	26
拉丝粉		20	30	25	26
全透明增稠粉		20	30	25	24
纳米除油乳化剂		20	30	25	28
去离子水		加至 100	加至 100	加至 100	加至 100

制备方法 先称量各个组分，然后将各个组分一起倒入水中，在 40～50℃的温度下搅拌 30～60min，即成。

产品应用 本品是一种漂白洗衣液。

产品特性 本产品最大限度降低了化学制剂的含量，实现了精美清香，满足了部分家庭的高档次需要。

配方35　驱蚊洗衣液

原料配比

原料	配比（质量份）		原料	配比（质量份）	
	1#	2#		1#	2#
桉树提取液	5	5.5	增稠剂	1	1.5
香茅提取液	4	4.5	去污粉	2	2.5
盐	0.5	1	去离子水	60	65

制备方法　将各组分原料混合均匀即可。

原料介绍　所述桉树提取液是取桉树叶洗净后高温蒸馏取汁液，再过滤去除杂质，得纯桉树汁液。

所述香茅提取液是取香茅洗净后置于三倍量的沸水中煮沸 2～3h 后，再过滤去除杂质，得香茅提取液。

产品应用　本品是一种具备驱蚊功能的洗衣液。

产品特性　桉树跟香茅能够散发幽香，同时又能够有效驱蚊，防治蚊虫，保护人们夏季不被蚊虫叮咬。本品能够弥补传统洗衣液的不足，在传统洗衣液配方中添加桉树和香茅提取液，使经过本品洗衣液清洗过的衣物具备防蚊虫的功效。

配方36　驱蚊无毒洗衣液

原料配比

原料	配比（质量份）		原料	配比（质量份）	
	1#	2#		1#	2#
猪笼草提取液	4	5	增稠剂	1	2
夜来香提取液	5	6	去污粉	2	2
酯基季铵盐	0.5	1.5	离子水	60	70
醇醚羧酸盐	0.5	1			

制备方法　将各组分原料混合均匀即可。

原料介绍　所述猪笼草提取液是取猪笼草洗净后榨取汁液，再过滤去除杂质，得猪笼草提取液。

所述夜来香提取液是取夜来香洗净后置于三倍量的沸水中煮沸 2～3h 后，再过滤去除杂质得夜来香提取液。

产品应用　本品是一种驱蚊洗衣液。

产品特性

（1）猪笼草跟夜来香能够散发幽香，同时又能够有效驱蚊，防治蚊虫，保护人们夏季不被蚊虫叮咬。

（2）本产品能够弥补传统洗衣液的不足，在传统洗衣液配方中添加猪笼草和夜来香提取液，使经过本产品洗衣液清洗过的衣物具备防蚊虫的功效。

配方37　驱蚊清香洗衣液

原料配比

原料	配比（质量份）			原料	配比（质量份）		
	1#	2#	3#		1#	2#	3#
对甲基苯磺酸钠	32	44	45	十二烷基苯磺酸	28	40	30

续表

原料	配比(质量份)			原料	配比(质量份)		
	1#	2#	3#		1#	2#	3#
野菊	20	20	24	冰片	5	4	6
公丁香	16	22	24	去离子水	70	80	65
白芷	22	22	18				

制备方法

(1) 将对甲基苯磺酸钠和十二烷基苯磺酸加入去离子水中，充分溶解均匀；

(2) 将野菊、公丁香和白芷粉碎，分别用水蒸馏提取法常规提取三次，合并滤液；

(3) 将 (2) 得到的滤液和 (1) 的溶液合并，加入冰片，搅拌至均匀，即可。

产品应用 本品是一种驱蚊洗衣液。

产品特性 本产品由纯中药与化学成分配制而成，不污染环境，对人体也无害，气味清香，针对各类衣物水洗后性能温和不伤皮肤，不损衣料；稳定性好，使用方便，不仅去污效果好，而且具有驱蚊功能。

配方38　柔顺护色洗衣液

原料配比

原料		配比(质量份)					
		1#	2#	3#	4#	5#	6#
脂肪醇聚乙烯醚		12	12	12	16	16	16
乙氧基化烷基硫酸钠		12	12	12	16	16	16
高分子聚羧酸盐	聚羧酸高性能减水剂	10	10	10	13	13	13
氢化椰油酸钾		15	15	15	18	18	18
抗菌防霉剂	异噻唑啉类抗菌防霉剂	1	—	—	2	—	—
	酯类抗菌防霉剂	—	1	—	—	2	—
	二苯醚类抗菌防霉剂	—	—	1	—	—	2
增稠剂	AES伴侣增稠剂	1.5	1.5	1.5	2	2	2
香精		0.2	0.2	0.2	0.3	0.3	0.3
水		加至100	加至100	加至100	加至100	加至100	加至100

制备方法

(1) 首先准备好相应量的去离子水和脂肪醇聚乙烯醚，二者混合搅拌均匀，搅拌同时缓缓将温度升至 $60 \sim 70 \, ^\circ\mathrm{C}$ 进行水溶解，温度达到后再加入相应量的乙氧基化烷基硫酸钠、高分子聚羧酸盐、氢化椰油酸钾、抗菌防霉剂，充分混合搅拌均匀；

（2）将步骤（1）的混合液降温至 20～45℃，再加相应量的香精搅拌溶解；

（3）最后加入相应量的增稠剂，并搅拌均匀。

产品应用 本品是一种柔顺护色洗衣液。

产品特性 本产品成本低、安全性高，无毒、无刺激性、效果持久耐洗；本品中的脂肪醇聚乙烯醚、乙氧基化烷基硫酸钠具有较强的去污性能，对织物温和、快速洁净、护衣护色，能更好地保持衣物形状，延长衣物寿命。

配方39 稳定的防缩水洗衣液

原料配比

原料	配比（质量份）		原料	配比（质量份）	
	1#	2#		1#	2#
脂肪醇聚氧乙烯醚	6	11	苄索氯铵	1	3
脂肪酸钠盐	3	10	硫酸钠	3	6
防风提取物	3	8	十二烷基苯磺酸钠	2	8
三氯生 DP-300	0.2	1	十二烷基苯磺酸镁	1	5
十二烷基二甲基苄基溴化铵	4	10	赖氨酸	1	4
			甲基椰油酰基牛磺酸钠	7	10
角鲨烷	2	7	野菊花提取物	1	5
甘油	5	9	去离子水	加至100	加至100

制备方法 将各组分原料混合均匀即可。

产品应用 本品是一种稳定的防缩水洗衣液。

产品特性 本产品性能稳定，能够有效减少衣物缩水，同时使衣物更加亮泽。

配方40 洗涤柔软二合一洗衣液

原料配比

原料		配比（质量份）		
		1#	2#	3#
阳离子柔软剂：二(棕榈羧基)羟乙基甲基硫酸甲酯铵		3	3	3
非离子表面活性剂	脂肪醇聚氧乙烯(7)醚(AEO-7)	10	8	12
	脂肪醇聚氧乙烯(9)醚(AEO-9)	10	20	2
	烷基多糖苷(APG)	—	3	3
	烷基醇酰胺(6501)	2		
增稠剂	PEG-6000DS：聚乙二醇二硬脂酸酯	2	1.5	—
	羟乙基纤维素	—	—	0.5
	乙二醇双硬脂酸酯		1.5	1.5
蛋白酶 SavinaseUltra16XL		0.5	0.5	0.5

续表

原料	配比(质量份)		
	1#	2#	3#
荧光增白剂 CBS-X	0.1	0.1	0.1
荧光增白剂 31#	0.1	0.1	0.1
防腐剂 KathonCG	0.1	0.1	0.1
色素	0.00001	0.00001	0.00001
香精	0.3	0.3	—
去离子水	加至100	加至100	加至100

制备方法 将各组分原料混合均匀即可。

产品应用 本品是一种洗涤柔软二合一洗衣液。

产品特性

(1) 本产品将洗涤和柔软两种功能合二为一,不需要另外加入柔顺剂就可以达到使衣物柔顺的效果。

(2) 本产品使用方便,成本低,对环境友好。

配方41　洗护二合一洗衣液

原料配比

原料		配比(质量份)	
		1#	2#
阳离子烷基多糖苷		2	6
阴离子表面活性剂	脂肪醇聚氧乙烯醚硫酸钠(AES)	10	—
	脂肪酸甲酯磺酸钠(MES)	—	1
	α-烯烃磺酸钠(AOS)	3	—
	仲烷基磺酸钠(SAS)	—	13
非离子表面活性剂	烷基糖苷(APG)	3	—
	脂肪醇聚氧乙烯(7)醚(AEO-7)	—	2
	脂肪醇聚氧乙烯(9)醚(AEO-9)	2	3
两性表面活性剂	椰油酰胺基丙基甜菜碱(CAB)	2	—
	十二烷基二甲基胺乙内酯(BS-12)	—	2
防腐剂	2-甲基异噻唑-3(2H)-酮(MIT)	0.1	0.1
螯合剂	聚丙烯酸盐	0.2	—
	柠檬酸钠	—	0.5
液体蛋白酶(16XL)		0.3	0.3
酶稳定剂	丙二醇	5	5
香精		0.1	0.1
氯化钠		1.5	1
去离子水		70.8	66

制备方法

（1）先加入称量好的去离子水，然后分别加入阴离子表面活性剂、两性表面活性剂、非离子表面活性剂、酶稳定剂，开启高剪切均质搅拌，使物料变成乳状颗粒；

（2）加入剩余的去离子水，开启普通搅拌，加入阳离子烷基多糖苷，搅拌使之溶解；

（3）加入防腐剂、螯合剂、液体蛋白酶、香精、氯化钠，搅拌使之溶解；

（4）用 300 目滤网过滤后包装。

产品应用 本品是一种洗护二合一洗衣液。

产品特性

（1）本产品采用新型阳离子表面活性剂烷基多糖苷，该原料具有烷基糖苷的绿色、天然、低毒及低刺激特点，易生物降解，对环境友好，兼具季铵盐的各种阳离子特性，同时还具有能和阴离子表面活性剂复配混溶，少量加入即产生强烈的协同增效的性能，解决了普通阳离子表面活性剂不能与阴离子复配的难题，而且所采用的表面活性剂为复配性能优良、温和无毒、易生物降解及可再生的绿色表面活性剂。

（2）本产品 pH 值为 6～8，接近中性，刺激性低，洗后衣物柔软度好，去污力强，冷水及温水中均具有良好去污效果。

配方42　羊毛用彩漂洗衣液

原料配比

原料	配比（质量份）			原料	配比（质量份）		
	1#	2#	3#		1#	2#	3#
过碳酸钠	20	16	15	超级增白剂	0.5	0.4	0.38
过硼酸钠	11	8	7	水溶性香精	1	0.8	0.7
七水亚硫酸钠	30	25	24	聚丙烯酸钠	1	0.6	0.5
柠檬酸钠	5	3.5	3	丙二醇	6	5	4
硅酸钠	4	3	2.6	去离子水	130	115	110
过氧化氢	5	4	3.5				

制备方法

（1）在反应釜中加入去离子水，升温至 50～60℃后，加入柠檬酸钠、硅酸钠和聚丙烯酸钠，搅拌混合均匀；

（2）将反应釜降温至 30～40℃后，加入过碳酸钠、过硼酸钠、七水亚硫酸钠和丙二醇，搅拌 0.5h；

（3）向反应釜中加入超级增白剂和水溶性香精，搅拌均匀后加入过氧化氢，继续搅拌均匀，即得羊毛用彩漂洗衣液。

产品应用 本品是一种羊毛用彩漂洗衣液。

产品特性 本产品性能温和，能够去除羊毛制品上茶锈、汗迹、血迹、咖啡迹等各种污渍，去污力强，同时不会损伤羊毛纤维。

配方43　织物纤维护理型生物酶洗衣液

原料配比

原料	配比（质量份）				
	1#	2#	3#	4#	5#
非离子表面活性剂	1	10	20	30	40
阴离子表面活性剂	40	30	20	10	1
纤维素酶	0.001	0.5	1	1.5	2
高聚物护理剂	—	5	5	2	5
水溶性溶剂	20	15	10	5	—
pH 值调节剂	0.01	0.2	4	4	5
两性离子表面活性剂	—	20	40	20	40
防腐剂	—	—	—	1	1
香精	—	—	—	—	0.5
水	加至 100	加至 100	加至 100	加至 100	加至 100

制备方法

（1）按以上质量份配方准备原料；

（2）将非离子表面活性剂、阴离子表面活性剂置于混合器中，选择性加入两性离子表面活性剂和水溶性溶剂，加热至 55～60℃，搅拌至溶解、分散均匀，停止加热；

（3）在搅拌情况下加入 55～60℃水至完全溶解、均匀；

（4）在搅拌情况下加入纤维素酶，加入高聚物护理剂；

（5）在搅拌情况下加入 pH 值调节剂，控制和调节 pH 值为 7～10；

（6）在搅拌情况下，待液料温度降至 35℃以下，选择性加入防腐剂及香精，搅拌至均匀；

（7）抽样检测、成品包装。

原料介绍 所述非离子表面活性剂为脂肪醇聚氧乙烯醚、烷基葡萄糖苷、椰油酸二乙醇酰胺、烷基二甲基氧化胺、月桂酰胺丙基氧化胺或失水山梨醇单月桂酸酯聚氧乙烯醚 20。

所述阴离子表面活性剂为脂肪醇聚氧乙烯醚硫酸钠、仲烷基磺酸钠、烷基硫酸酯钠、α-烯基磺酸钠、脂肪酸甲酯磺酸钠、脂肪酸盐或十二烷基苯磺酸钠。

所述两性离子表面活性剂为十二烷基甜菜碱或椰油酰胺丙基甜菜碱。

所述纤维素酶为内切葡聚糖纤维素酶或纤维二糖水解酶。

所述高聚物护理剂为丙烯酸聚合物钠盐、丙烯酸/马来酸共聚物钠盐、马来酸共聚物钠盐或聚乙烯吡咯烷酮。

　　所述水溶性溶剂为乙醇、异丙醇、1,2-丙二醇、乙二醇丁醚、乙二醇丙醚、丙二醇丁醚、二乙二醇乙醚、二乙二醇丁醚、二丙二醇丙醚或二丙二醇丁醚。

　　所述的 pH 值调节剂为氢氧化钠、氢氧化钾、三乙醇胺、二乙醇胺、单乙醇胺、碳酸钠、碳酸氢钠、柠檬酸或其可溶性盐。

　　所述防腐剂为异噻唑啉酮衍生物、1,2-苯并异噻唑啉-3-酮、苯甲酸、苯甲酸钠、山梨酸、山梨酸钾、三氯羟基二苯醚或对氯间二甲苯酚；其中，异噻唑啉酮衍生物为 5-氯-2-甲基-4-异噻唑啉-3-酮和 2-甲基-4-异噻唑啉-3-酮的混合物。

　　产品应用　本品是一种织物纤维护理型生物酶洗衣液，用于提高对织物纤维的白度维护，并达到护理效果。

　　产品特性

　　（1）本产品采用在洗衣液中按特定比例加入纤维素酶与高聚物护理组分，两者协同作用，不仅提高洗衣液的去污作用，而且提供了对织物纤维的护理作用。本产品具有用量少、效能高的特点，明显提高了织物的清洁去污、白度维护、抗灰、抗褪色、抗起球的纤维护理效果。

　　（2）本产品去污性能好、生物降解性好、绿色环保，同时浓缩高效、节省和替代大量表面活性剂的使用，具有优异的洗涤清洁效果，节能减排，减少资源浪费。

配方44　织物用增白去污洗衣液

原料配比

原料	配比（质量份）			
	1#	2#	3#	4#
十二烷基苯磺酸钙	12	23	15	18
三甲基丁酸苯酯甲酸胺	2	8	4	5
聚丙烯酸钠	0.5	3	1	1.6
异丙醇	1	4	2	2.5
过碳酸钠	10	20	13	16
一缩二丙二醇	10	20	13	15
葡萄糖三乙酸酯	10	20	12	14
硫酸钠	18	30	22	25
乙基溶纤剂	1	3.6	1.5	2.2
棕榈酸异丙酯	2	5	3	3.5
双缩脲	0.4	1.8	0.8	1
荧光增白剂	0.3	0.7	0.4	0.5
水	2	7	3	4.5

　　制备方法　将十二烷基苯磺酸钙和三甲基丁酸苯酯甲酸胺溶于水中，加热至80～90℃，待完全溶解后加入聚丙烯酸钠、异丙醇、过碳酸钠、一缩二丙二醇、葡萄糖三乙酸酯、硫酸钠、乙基溶纤剂和棕榈酸异丙酯，搅拌混合均匀后加入双

缩脲和荧光增白剂，混合均匀即得洗衣液。

产品应用 本品是一种织物用增白去污洗衣液。

产品特性 本产品对织物的去污效果好，同时具有优异的洁白效果，清洗后的织物不易缩水，也不易变形。

配方45 植物酵素洗衣液

原料配比

原料	配比（质量份）	原料	配比（质量份）
去离子水	1581.5	丙基甜菜碱	42
乙二胺四乙酸四钠	1	椰油酸单乙醇酰胺	25
氢氧化钠	10	葡萄糖苷	40
烷基苯磺酸	140	植物天然酵素	20
二甲苯磺酸钠	10	甲基乙噻唑啉酮	2
月桂醇醚硫酸酯钠	65	香料	4
月桂醇聚（7）醚	40	色素	0.052
月桂醇聚（9）醚	20		

制备方法

（1）取 1.5 份的去离子水与 0.052 份的色素进行溶解混合，待用。

（2）将 1580 份的去离子水加入锅中，加入 1 份的乙二胺四乙酸四钠进行搅拌 10min；加入 10 份的氢氧化钠进行搅拌 15min，再加入 140 份的烷基苯磺酸进行搅拌 40min；依次加入 10 份的二甲苯磺酸钠、65 份的月桂醇醚硫酸酯钠、40 份的月桂醇聚（7）醚、20 份的月桂醇聚（9）醚、42 份的丙基甜菜碱进行搅拌 80min。

（3）再依次加入 25 份的椰油酸单乙醇酰胺、40 份的葡萄糖苷进行搅拌 20min；然后再依次加入 20 份的植物天然酵素、2 份的甲基乙噻唑啉酮、4 份的香料进行搅拌 10min；再加入步骤（1）中混合后的色素进行搅拌 10min；然后取样送检，检验合格后用 100 目过滤网过滤，进行灌装。

产品应用 本品是一种植物酵素洗衣液。

产品特性 植物天然酵素能有效去除污渍，能够高效杀菌，无色素添加，对皮肤无刺激性。

配方46 植物型防褪色洗衣液

原料配比

原料	配比（质量份）		
	1#	2#	3#
迷迭香提取物	5	7	9
脂肪醇聚氧乙烯醚硫酸钠（AES）	2	4	6

续表

原料	配比(质量份)		
	1#	2#	3#
甘油	2	2.5	3
脂肪酸钠盐	4	6	8
氯化钠	3	5	7
抗氧化剂	6	7	9
去离子水	78	68.5	67

制备方法　将这些原料按比例混合在一起,将混合物充分混合均匀后进行分装即可。

原料介绍　所述的迷迭香提取物是一种从迷迭香植物中提取出来的天然抗氧化剂。它内含鼠尾草酸、迷迭香酸、熊果酸等;它不但能提高洗衣液的稳定性和延长储存期,同时还具有高效、安全无毒、稳定耐高温等特性。

所述的抗氧化剂为抗坏血酸、D-异抗坏血酸钠、甘草抗氧物、乙二胺四乙酸二钠、抗坏血酸钙中的一种或几种。

产品应用　本品是一种植物型防褪色洗衣液,能够最低程度上减少衣物的褪色问题,不伤手,无毒害,能去污。

产品特性　该方法配成的洗衣液能够很好地去除污垢,刺激性很低,还能保持衣物的光鲜;在手洗衣物的过程中也不会伤害皮肤,能起到一定的杀菌作用。

参 考 文 献

中国专利公告

CN-201410783077.0 CN-201410451156.1 CN-201510207605.2
CN-201410730477.5 CN-201510175334.7 CN-201610015957.2
CN-201511011722.8 CN-201510207656.5 CN-201510199867.9
CN-201510997995.8 CN-201510200105.6 CN-201510330281.1
CN-201510113706.3 CN-201510211178.5 CN-201510405805.9
CN-201610503126.X CN-201410447912.3 CN-201510733905.4
CN-201410192454.3 CN-201610037812.2 CN-201410615148.6
CN-201610291142.7 CN-201510211171.3 CN-201410615353.2
CN-201510207663.5 CN-201510199508.3 CN-201410542006.1
CN-201410620222.3 CN-201410504102.7 CN-201610315302.7
CN-201410071640.1 CN-201410611406.3 CN-201510199530.8
CN-201510445552.8 CN-201610246382.5 CN-201510211140.8
CN-201610144093.4 CN-201410208165.8 CN-201410617410.0
CN-201510199559.6 CN-201610347163.6 CN-201510255680.6
CN-201510199874.9 CN-201510810209.9 CN-201511031469.2
CN-201410049294.7 CN-201410071602.6 CN-201610314916.3
CN-201410517355.8 CN-201510211170.9 CN-201410451184.3
CN-201510200104.1 CN-201410453332.5 CN-201510846429.7
CN-201410451141.5 CN-201410516538.8 CN-201510985236.X
CN-201510207655.0 CN-201410066078.3 CN-201510992228.8
CN-201410097272.8 CN-201410706102.5 CN-201510963826.2
CN-201510199545.4 CN-201410636642.0 CN-201410640939.4
CN-201510234909.8 CN-201510122438.1 CN-201410681178.7
CN-201510199491.1 CN-201410764378.9 CN-201510207571.7
CN-201610313947.7 CN-201610073595.2 CN-201510211102.2
CN-201510199873.4 CN-201510631861.4 CN-201410489187.6
CN-201410783010.7 CN-201410517637.8 CN-201410463378.5
CN-201410730652.0 CN-201610253278.9 CN-201510329128.7
CN-201510402749.3 CN-201410338023.3 CN-201410193756.2
CN-201510032255.0 CN-201410434214.X CN-201410049311.7
CN-201410408710.8 CN-201410497456.3 CN-201410295158.6
CN-201510199871.5 CN-201410462011.1 CN-201410258116.5
CN-201510199504.5 CN-201410443344.X CN-201410750606.7
CN-201310305863.5 CN-201510199529.5 CN-201510199868.3
CN-201510199528.0 CN-201510207611.8 CN-201510234953.9
CN-201410517028.2 CN-201510575907.5 CN-201410776229.4
CN-201410521010.X CN-201410072010.6 CN-201610069464.7
CN-201410697428.6 CN-201410520806.3 CN-201410519363.6

CN-201410455165. 8   CN-201610070416. X   CN-201410654162. 7
CN-201510200106. 0   CN-201510571206. 4   CN-201510199866. 4
CN-201510199492. 6   CN-201510800158. 1   CN-201610303406. 6
CN-201510311074. 1   CN-201510199541. 6   CN-201510810227. 7
CN-201510235034. 3   CN-201410522488. 4   CN-201410202269. 8
CN-201510061112. 2   CN-201510199869. 8   CN-201410529829. 0
CN-201510211204. 4   CN-201510207621. 1   CN-201510103002. 8
CN-201410730918. 1   CN-201510811174. 0   CN-201510911632. 8
CN-201510235081. 8   CN-201410190347. 7   CN-201510956453. 6